"十二五"职业教育国家规划立项教材

国家卫生和计划生育委员会"十二五"规划教材

全国中等卫生职业教育教材

供口腔修复工艺专业用　　第2版

口腔工艺设备使用与养护

主　编　李新春

副主编　蒲小猛

编　者（以姓氏笔画为序）

　　　　王　琦（山东省青岛卫生学校）

　　　　李新春（开封大学医学部）

　　　　杨海青（中国人民解放军第401医院）

　　　　葛亚丽（开封大学医学部）（兼编写秘书）

　　　　蒲小猛（甘肃卫生职业学院）

U0322624

人民卫生出版社

图书在版编目（CIP）数据

口腔工艺设备使用与养护 / 李新春主编. —2 版. —北京：
人民卫生出版社, 2015

"十二五"全国中职口腔修复工艺专业规划教材

ISBN 978-7-117-21554-1

Ⅰ. ①口… Ⅱ. ①李… Ⅲ. ①口腔外科手术－医疗器
械－中等专业学校－教材 Ⅳ. ①TH787

中国版本图书馆 CIP 数据核字（2015）第 245083 号

人卫社官网	www.pmph.com	出版物查询，在线购书
人卫医学网	www.ipmph.com	医学考试辅导，医学数据库服务，医学教育资源，大众健康资讯

版权所有，侵权必究！

口腔工艺设备使用与养护
第 2 版

主　　编：李新春
出版发行：人民卫生出版社（中继线 010-59780011）
地　　址：北京市朝阳区潘家园南里 19 号
邮　　编：100021
E - mail：pmph @ pmph.com
购书热线：010-59787592　010-59787584　010-65264830
印　　刷：北京铭成印刷有限公司
经　　销：新华书店
开　　本：787×1092　1/16　印张：9
字　　数：225 千字
版　　次：2008 年 1 月第 1 版　2016 年 2 月第 2 版
　　　　　2021 年 8 月第 2 版第 6 次印刷（总第 14 次印刷）
标准书号：ISBN 978-7-117-21554-1/R·21555
定　　价：26.00 元

打击盗版举报电话：010-59787491　E-mail：WQ @ pmph.com
（凡属印装质量问题请与本社市场营销中心联系退换）

出版说明

为全面贯彻党的十八大和十八届三中、四中、五中全会精神,依据《国务院关于加快发展现代职业教育的决定》要求,更好地服务于现代卫生职业教育快速发展的需要,适应卫生事业改革发展对医药卫生职业人才的需求,贯彻《医药卫生中长期人才发展规划(2011—2020年)》《现代职业教育体系建设规划(2014—2020年)》文件精神,人民卫生出版社在教育部、国家卫生和计划生育委员会的领导和支持下,按照教育部颁布的《中等职业学校专业教学标准(试行)》医药卫生类(第二辑)(简称《标准》),由全国卫生职业教育教学指导委员会(简称卫生行指委)直接指导,经过广泛的调研论证,成立了中等卫生职业教育各专业教育教材建设评审委员会,启动了全国中等卫生职业教育第三轮规划教材修订工作。

本轮规划教材修订的原则:①明确人才培养目标。按照《标准》要求,本轮规划教材坚持立德树人,培养职业素养与专业知识、专业技能并重,德智体美全面发展的技能型卫生专门人才。②强化教材体系建设。紧扣《标准》,各专业设置公共基础课(含公共选修课)、专业技能课(含专业核心课、专业方向课、专业选修课);同时,结合专业岗位与执业资格考试需要,充实完善课程与教材体系,使之更加符合现代职业教育体系发展的需要。在此基础上,组织制订了各专业课程教学大纲并附于教材中,方便教学参考。③贯彻现代职教理念。体现"以就业为导向,以能力为本位,以发展技能为核心"的职教理念。理论知识强调"必需、够用";突出技能培养,提倡"做中学、学中做"的理实一体化思想,在教材中编入实训(实验)指导。④重视传统融合创新。人民卫生出版社医药卫生规划教材经过长时间的实践与积累,其中的优良传统在本轮修订中得到了很好的传承。在广泛调研的基础上,再版教材与新编教材在整体上实现了高度融合与衔接。在教材编写中,产教融合、校企合作理念得到了充分贯彻。⑤突出行业规划特性。本轮修订紧紧依靠卫生行指委和各专业教育教材建设评审委员会,充分发挥行业机构与专家对教材的宏观规划与评审把关作用,体现了国家卫生计生委规划教材一贯的标准性、权威性、规范性。⑥提升服务教学能力。本轮教材修订,在主教材中设置了一系列服务教学的拓展模块;此外,教材立体化建设水平进一步提高,根据专业需要开发了配套教材、网络增值服务等,大量与课程相关的内容围绕教材形成便捷的在线数字化教学资源包,为教师提供教学素材支撑,为学生提供学习资源服务,教材的教学服务能力明显增强。

　　人民卫生出版社作为国家规划教材出版基地,有护理、助产、农村医学、药剂、制药技术、营养与保健、康复技术、眼视光与配镜、医学检验技术、医学影像技术、口腔修复工艺等24个专业的教材获选教育部中等职业教育专业技能课立项教材,相关专业教材根据《标准》颁布情况陆续修订出版。

口腔修复工艺专业编写说明

2015 年,教育部正式公布《中等职业学校口腔修复工艺专业教学标准》(以下简称《标准》),目标是面向医疗卫生机构口腔科、口腔专科医院(门诊)、义齿加工机构、口腔医疗设备与材料销售企业等,培养从事义齿修复、加工及矫治器制作及相关产品销售与管理等工作,德智体美全面发展的高素质劳动者和技能型人才。为了进一步适应卫生职业教育改革、符合人才培养的需要,并与《标准》匹配,推动我国口腔修复工艺职业教育的规范、全面、创新性发展,不断汲取各院校教学在教学实践中的成功经验、体现教学改革成果,在卫计委和卫生行指委指导下,人民卫生出版社经过一年多广泛的调研论证,规划并启动了全国中等职业学校口腔修复工艺专业第三轮规划教材修订工作。

本轮口腔修复工艺专业规划教材与《标准》课程结构对应,设置专业核心课。专业核心课程教材与《标准》一致,共 10 种,包括《口腔解剖与牙雕刻技术》、《口腔生理学基础》、《口腔组织及病理学基础》、《口腔疾病概要》、《口腔工艺材料应用》、《口腔工艺设备使用与养护》、《口腔医学美学基础》、《口腔固定修复工艺技术》、《可摘义齿修复工艺技术》、《口腔正畸工艺技术》。编写得到了广大口腔专业中高职院校的支持,涵盖了 28 个省市、自治区、直辖市,30 所院校及企业,共约 90 位专家、教师参与编写,充分体现了教材覆盖范围的广泛性,以及校企结合、工学结合的理念。

本套教材编写力求贯彻以学生为中心、适应岗位需求、服务于实践,尽可能贴近实际工作流程进行编写,教材中设置了"学习目标"、"病例/案例"、"小结"、"练习题"、"实训/实验指导"等模块。同时,为适应教学信息化发展趋势,本套教材增加了"网络增值服务"。中高职衔接的相关内容列入"小知识"中,以达到"做中学"、"学以致用"的目的。同时为方便学生复习考试,部分课程增加"考点提示",提高学生的考试复习效率和考试能力。

本系列教材的 10 本核心课程教材将于 2016 年 2 月全部出版。

全国卫生职业教育教学指导委员会

主 任 委 员　秦怀金

副主任委员　金生国　付　伟　周　军　文历阳

秘 书 长　杨文秀

委　　　员　张宁宁　胡小濛　孟　莉　张并立　宋　莉　罗会明
　　　　　　孟　群　李　滔　高学成　王县成　崔　霞　杨爱平
　　　　　　程明羡　万学红　李秀华　陈贤义　尚少梅　郭积燕
　　　　　　路　阳　樊　洁　黄庶亮　王　斌　邓　婵　杨棉华
　　　　　　燕铁斌　周建成　席　彪　马　莉　路喜存　吕俊峰
　　　　　　乔学斌　史献平　刘运福　韩　松　李智成　王　燕
　　　　　　徐龙海　周天增　唐红梅　徐一新　高　辉　刘　斌
　　　　　　王　瑾　胡　野　任光圆　郭永松　陈命家　王金河
　　　　　　封银曼　倪　居　何旭辉　田国华　厉　岩　沈曙红
　　　　　　白梦清　余建明　黄岩松　张湘富　夏修龙　朱祖余
　　　　　　朱启华　郭　蔚　古蓬勃　任　晖　林忠文　王大成
　　　　　　袁　宁　赫光中　曾　诚　宾大章　陈德军　冯连贵
　　　　　　罗天友

全国中等卫生职业教育
口腔修复工艺专业教材评审委员会名单

顾　　问　马　莉

主任委员　李新春　张孟勇

委　　员　（按姓氏笔画排序）

马玉革　马冬梅　马惠萍　王　丽　王　菲　韦振飞

乔瑞科　任　旭　刘　钢　刘绍良　米新峰　杜士民

杨利伟　战文吉　姜瑞中　唐瑞平　葛秋云　蒲小猛

翟远东

秘 书 长　刘红霞

秘　　书　吴艳娟　方　毅

全国中等卫生职业教育
国家卫生和计划生育委员会"十二五"规划教材目录

总序号	适用专业	分序号	教材名称	版次	主编	
1	护理专业	1	解剖学基础 **	3	任 晖	袁耀华
2		2	生理学基础 **	3	朱艳平	卢爱青
3		3	药物学基础 **	3	姚 宏	黄 刚
4		4	护理学基础 **	3	李 玲	蒙雅萍
5		5	健康评估 **	2	张淑爱	李学松
6		6	内科护理 **	3	林梅英	朱启华
7		7	外科护理 **	3	李 勇	俞宝明
8		8	妇产科护理 **	3	刘文娜	闫瑞霞
9		9	儿科护理 **	3	高 凤	张宝琴
10		10	老年护理 **	3	张小燕	王春先
11		11	老年保健	1	刘 伟	
12		12	急救护理技术	3	王为民	来和平
13		13	重症监护技术	2	刘旭平	
14		14	社区护理	3	姜瑞涛	徐国辉
15		15	健康教育	1	靳 平	
16	助产专业	1	解剖学基础 **	3	代加平	安月勇
17		2	生理学基础 **	3	张正红	杨汎雯
18		3	药物学基础 **	3	张 庆	田卫东
19		4	基础护理 **	3	贾丽萍	宫春梓
20		5	健康评估 **	2	张 展	迟玉香
21		6	母婴护理 **	1	郭玉兰	谭奕华
22		7	儿童护理 **	1	董春兰	刘 俐
23		8	成人护理(上册)-内外科护理 **	1	李俊华	曹文元
24		9	成人护理(下册)-妇科护理 **	1	林 珊	郭艳春
25		10	产科学基础 **	3	翟向红	吴晓琴
26		11	助产技术 **	1	闫金凤	韦秀宜
27		12	母婴保健	3	颜丽青	
28		13	遗传与优生	3	邓鼎森	于全勇

续表

总序号	适用专业	分序号	教材名称	版次	主编	
29	护理、助产专业共用	1	病理学基础	3	张军荣	杨怀宝
30		2	病原生物与免疫学基础	3	吕瑞芳	张晓红
31		3	生物化学基础	3	艾旭光	王春梅
32		4	心理与精神护理	3	沈丽华	
33		5	护理技术综合实训	2	黄惠清	高晓梅
34		6	护理礼仪	3	耿洁	吴彬
35		7	人际沟通	3	张志钢	刘冬梅
36		8	中医护理	3	封银曼	马秋平
37		9	五官科护理	3	张秀梅	王增源
38		10	营养与膳食	3	王忠福	
39		11	护士人文修养	1	王燕	
40		12	护理伦理	1	钟会亮	
41		13	卫生法律法规	3	许练光	
42		14	护理管理基础	1	朱爱军	
43	农村医学专业	1	解剖学基础 **	1	王怀生	李一忠
44		2	生理学基础 **	1	黄莉军	郭明广
45		3	药理学基础 **	1	符秀华	覃隶莲
46		4	诊断学基础 **	1	夏惠丽	朱建宁
47		5	内科疾病防治 **	1	傅一明	闫立安
48		6	外科疾病防治 **	1	刘庆国	周雅清
49		7	妇产科疾病防治 **	1	黎梅	周惠珍
50		8	儿科疾病防治 **	1	黄力毅	李卓
51		9	公共卫生学基础 **	1	戚林	王永军
52		10	急救医学基础 **	1	魏蕊	魏瑛
53		11	康复医学基础 **	1	盛幼珍	张瑾
54		12	病原生物与免疫学基础	1	钟禹霖	胡国平
55		13	病理学基础	1	贺平则	黄光明
56		14	中医药学基础	1	孙治安	李兵
57		15	针灸推拿技术	1	伍利民	
58		16	常用护理技术	1	马树平	陈清波
59		17	农村常用医疗实践技能实训	1	王景舟	
60		18	精神病学基础	1	汪永君	
61		19	实用卫生法规	1	菅辉勇	李利斯
62		20	五官科疾病防治	1	王增源	高翔
63		21	医学心理学基础	1	白杨	田仁礼
64		22	生物化学基础	1	张文利	
65		23	医学伦理学基础	1	刘伟玲	斯钦巴图
66		24	传染病防治	1	杨霖	曹文元

续表

总序号	适用专业	分序号	教材名称	版次	主编	
67	营养与保健专业	1	正常人体结构与功能 *	1	赵文忠	
68		2	基础营养与食品安全 *	1	陆 森	袁 媛
69		3	特殊人群营养 *	1	冯 峰	
70		4	临床营养 *	1	吴 苇	
71		5	公共营养 *	1	林 杰	
72		6	营养软件实用技术 *	1	顾 鹏	
73		7	中医食疗药膳 *	1	顾绍年	
74		8	健康管理 *	1	韩新荣	
75		9	营养配餐与设计 *	1	孙雪萍	
76	康复技术专业	1	解剖生理学基础 *	1	黄嫦斌	
77		2	疾病学基础 *	1	刘忠立	白春玲
78		3	临床医学概要 *	1	马建强	
79		4	康复评定技术 *	2	刘立席	
80		5	物理因子治疗技术 *	1	张维杰	刘海霞
81		6	运动疗法 *	1	田 莉	
82		7	作业疗法 *	1	孙晓莉	
83		8	言语疗法 *	1	朱红华	王晓东
84		9	中国传统康复疗法 *	1	封银曼	
85		10	常见疾病康复 *	2	郭 华	
86	眼视光与配镜专业	1	验光技术 *	1	刘 念	李丽华
87		2	定配技术 *	1	黎莞萍	闫 伟
88		3	眼镜门店营销实务 *	1	刘科佑	连 捷
89		4	眼视光基础 *	1	肖古月	丰新胜
90		5	眼镜质检与调校技术 *	1	付春霞	
91		6	接触镜验配技术 *	1	郭金兰	
92		7	眼病概要	1	王增源	
93		8	人际沟通技巧	1	钱瑞群	黄力毅
94	医学检验技术专业	1	无机化学基础 *	3	赵 红	
95		2	有机化学基础 *	3	孙彦坪	
96		3	分析化学基础 *	3	朱爱军	
97		4	临床疾病概要 *	3	迟玉香	
98		5	寄生虫检验技术 *	3	叶 薇	
99		6	免疫学检验技术 *	3	钟禹霖	
100		7	微生物检验技术 *	3	崔艳丽	
101		8	检验仪器使用与维修 *	1	王 迅	
102	医学影像技术专业	1	解剖学基础 *	1	任 晖	
103		2	生理学基础 *	1	石少婷	
104		3	病理学基础 *	1	杨怀宝	

续表

总序号	适用专业	分序号	教材名称	版次	主编
105		4	医用电子技术 *	3	李君霖
106		5	医学影像设备 *	3	冯开梅　卢振明
107		6	医学影像技术 *	3	黄　霞
108		7	医学影像诊断基础 *	3	陆云升
109		8	超声技术与诊断基础 *	3	姜玉波
110		9	X 线物理与防护 *	3	张承刚
111	口腔修复工艺专业	1	口腔解剖与牙雕刻技术 *	2	马惠萍　翟远东
112		2	口腔生理学基础 *	3	乔瑞科
113		3	口腔组织及病理学基础 *	2	刘　钢
114		4	口腔疾病概要 *	3	葛秋云　杨利伟
115		5	口腔工艺材料应用 *	3	马冬梅
116		6	口腔工艺设备使用与养护 *	2	李新春
117		7	口腔医学美学基础 *	3	王　丽
118		8	口腔固定修复工艺技术 *	3	王　菲　米新峰
119		9	可摘义齿修复工艺技术 *	3	杜士民　战文吉
120		10	口腔正畸工艺技术 *	3	马玉革
121	药剂、制药技术专业	1	基础化学 **	1	石宝珏　宋守正
122		2	微生物基础 **	1	熊群英　张晓红
123		3	实用医学基础 **	1	曲永松
124		4	药事法规 **	1	王　蕾
125		5	药物分析技术 **	1	戴君武　王　军
126		6	药物制剂技术 **	1	解玉岭
127		7	药物化学 **	1	谢癸亮
128		8	会计基础	1	赖玉玲
129		9	临床医学概要	1	孟月丽　曹文元
130		10	人体解剖生理学基础	1	黄莉军　张　楚
131		11	天然药物学基础	1	郑小吉
132		12	天然药物化学基础	1	刘诗泩　欧绍淑
133		13	药品储存与养护技术	1	宫淑秋
134		14	中医药基础	1	谭　红　李培富
135		15	药店零售与服务技术	1	石少婷
136		16	医药市场营销技术	1	王顺庆
137		17	药品调剂技术	1	区门秀
138		18	医院药学概要	1	刘素兰
139		19	医药商品基础	1	詹晓如
140		20	药理学	1	张　庆　陈达林

** 为"十二五"职业教育国家规划教材

* 为"十二五"职业教育国家规划立项教材

前 言

《口腔工艺设备使用与养护》(第2版)是在上版教材基础上,本着三基(基本理论、基本知识、基本技能)原则,按照《中等职业学校口腔修复工艺专业教学标准》的相关要求进行编写的。

教材从介绍口腔工艺设备的基本知识入手,以介绍常用设备的使用、维护、保养及管理等基本知识和基本操作技能为主线,本着理论与实践相结合的原则,简要介绍口腔设备的形成、发展、分类及管理维护等方面的知识,详细介绍口腔工艺切割、打磨、抛光设备、铸造烤瓷设备和口腔工艺其他设备等相关知识,同时注意向学生介绍现代口腔设备的最新发展动态。本教材具备初、中级口腔修复工艺专业所必需的口腔工艺设备知识,使学生能够了解常用设备的结构、性能,掌握使用方法、保养和常见故障及排除方法。

《口腔工艺设备使用与养护》教材整体上突出口腔修复工艺专业岗位能力,内容上避免前后重复,并配有操作指导的图片,实现图文并茂、浅显易懂。每章正文前均增加"学习目标",正文中根据教学内容需要,插入"小知识"内容,章末设计"小结"、"练习题"等。

本教材供口腔修复工艺专业学生和教师使用,也是广大口腔技师、口腔医师和口腔设备管理、维修、生产、销售人员的参考书。

在教材编写过程中参加编写的老师协同合作,各章节负责人为本教材的编写付出了很多努力,在此一并表示衷心的感谢。

由于口腔修复工艺技术发展迅速,加之编者能力和编写时间有限,本教材疏漏之处敬请读者批评指正。

李新春

2015年9月

目　录

第一章 概 论

学习目标

1. 熟悉:口腔工艺设备的类型。
2. 了解:口腔设备的发展过程。

口腔设备学是近年来随着口腔医学的不断发展和科学技术的不断进步而产生和发展起来的一门新兴学科。其内容丰富,涉及物理学、机械学、口腔生物力学、口腔生物工程学、口腔材料学、医院管理学和口腔临床医学等多种学科的知识。口腔设备包括口腔医疗设备和口腔工艺设备。口腔医疗设备是口腔医学事业发展的物质基础,口腔工艺设备的发展与口腔工艺技术的进步也有着密不可分的联系。学习和掌握口腔工艺设备的正确使用和合理养护将会对口腔医学产生极大的支持和推动作用。

第一节 口腔设备学概况

一、口腔设备的含义、分类和内容

口腔设备是口腔医学技术装备的组成部分,主要是指用于口腔医学领域的具有显著口腔医学专业技术特征的医疗、教学、科研、预防的仪器设备的总称。口腔工艺设备则属于口腔设备的一部分。

口腔设备按其应用范围可分为:①口腔基本设备:指口腔各科共用的设备,如口腔综合治疗机、口腔科手机、光固化机、洁牙机、口腔消毒灭菌设备等;②口腔内科设备:指口腔内科牙体、牙髓病等治疗的设备,如根管长度测量仪等;③口腔医学影像设备:如口腔科 X 线机、全口牙位曲面体层 X 线机等。以上三种又称为口腔医疗设备。此外,还有用于口腔颌面外科的设备等。④口腔修复设备:指口腔修复工艺设备,主要用于牙体缺损、牙列缺损和牙列缺失修复的设备。其中,口腔修复设备按制作修复体的种类及加工工艺的不同又可分为成模设备(如琼脂搅拌器、石膏模型修整机、模型灌注机、模型切割机以及平行观测研磨仪等)、金属铸造设备、烤瓷设备、陶瓷修复设备、打磨抛光设备和其他辅助设备、CAD/CAM 计算机辅助设计与制作系统等。

二、口腔设备学的形成与发展

口腔设备是在口腔诊疗、修复和修复体加工制作活动中逐步产生和发展起来的配套系列机械。特别是 20 世纪 50 年代以来，随着社会经济的不断发展和科技的进步，以及口腔材料的研发，口腔设备也得到了飞速发展。从其发展过程可以看出，每当口腔设备更新换代，口腔医学的理论与技术就会出现一次变革，充分显示了口腔设备对口腔医学的推动作用。1990 年在由国内知名口腔医学专家和口腔设备管理人员参加的"口腔设备管理研讨会"上，与会代表认真分析了目前我国口腔设备的研发、应用、维修与管理现状，确立了口腔设备在口腔医疗和口腔医学教育中的地位和作用，一致认为有必要设立口腔设备学课程，使用统一教材。1994 年由张志君、沈春主编的我国第一本《口腔设备学》教材的出版，极大地促进了口腔设备学的发展，为口腔设备学成为独立的学科奠定了坚实的基础。

1995 年，四川大学华西口腔医学院（原华西医科大学口腔医学院）率先开设了《口腔设备学》课程，并定为必修课。1996 年以后各口腔医学院校也相继开设本课程。2002 年成立了中华口腔医学会医院管理专业委员会口腔装备管理学组，并就口腔医疗设备的研发及推广使用开展了科技合作与学术交流，举办了国家继续医学教育项目班，为普及推广口腔医疗设备的新技术和新设备提供了广阔的平台。

伴随着口腔医疗设备的不断发展，口腔医学取得了长足的进步。同样，口腔工艺设备的革新也推动了口腔修复工艺专业的发展。因此，学习和掌握口腔工艺设备的正确使用与合理养护不仅是口腔技师、口腔设备管理维修、销售人员等重要的知识储备，更是口腔修复工艺专业学生必需掌握的基本知识与基本技能。

 小知识

历史知识

1790 年，John GreenWood 修改了一个纺纱轮，创造出了用脚做动力的牙科钻机。

1840 年初，纽约的 John D.Chevalier 开始生产牙科设备，建立了第一个牙科设备供应公司。

1864 年，英国的 George Fellows Hanington 为第一台电动机驱动的牙钻申请专利。

三、口腔设备的标准及监督管理

口腔设备的标准包括产品标准、安全标准和技术要求，是评价口腔设备的质量和性能的技术文件。

口腔设备的监督管理组织有：① ISO- 国际标准化组织（international standards organization）下设牙科技术委员会，即 ISO/TC 106-dentistry；②口腔材料和器械设备标准化技术委员会于 1987 成立；③国家食品药品监督管理局于 2000 年对医疗器械的生产、经营、注册出台了一系列监督管理办法，使得口腔设备的生产、销售更加规范，也为提高口腔设备的质量提供了保障。

四、口腔工艺设备的研究内容及学习方法

（一）研究内容

1. 口腔工艺设备的研制、应用及发展规律。

2. 常用口腔工艺设备的基本功能、组成结构、操作规程、维护和保养等。

3. 口腔设备的管理（计划管理、装备管理、应用管理、维修管理）及维护方法。

4. 口腔工艺设备的布局与环境要求。

5．口腔工艺设备的使用方法及注意事项。

（二）学习方法

开设本课程将帮助口腔修复工艺专业学生熟悉口腔工艺设备的基本知识，正确掌握常用口腔工艺设备的使用、维护、保养及管理等基础理论和基本技能，对提高学生在实践中认识并掌握设备的结构原理、操作与保养能力具有重要意义。

本课程安排在口腔修复工艺专业的专业课教学后期阶段开设，共18学时。其内容不仅强调了本学科的基础理论、基本知识和基本技能，同时还介绍了现代口腔工艺设备发展的新知识、新技术和新科技成果。

在教学中贯彻理论与实践相结合的原则，采用现代化教学手段，重点培养学生分析问题和解决问题的实际能力，使学生具备独立进行常规口腔工艺设备的操作使用和维护保养的能力。

第二节　口腔设备简介

一、口腔工艺设备

口腔工艺设备是指用于牙体缺损、牙列缺损和牙列缺失时口腔修复及牙颌畸形矫治所用的设备，根据制作工艺的不同可分为成模设备、金属铸造设备、金属焊接设备、陶瓷修复设备、打磨抛光设备，CAD/CAM计算机辅助设计与制作系统等。

（一）成模设备

成模设备是用于制作模型和代型的设备，包括琼脂搅拌机、石膏模型修整机、模型灌注机、石膏切割机等。

1．琼脂搅拌机　有升温溶化琼脂的作用，可自动加热、自动搅拌、自动冷却、自动恒温。由温度控制系统和电动搅拌系统构成。

2．石膏模型修整机　是口腔技工室修整石膏模型的专用设备。根据修整的部位不同分为石膏模型外部修整机和内部（舌侧）修整机，内部修整机的磨头多为硬质合金，有多种形状。根据外形不同又可分为台式修整机和立式修整机。

（二）隐形义齿成型设备

隐形义齿成型设备是用于制作隐形义齿（又称弹性仿生义齿）的注塑成型装置。包括注压机、温度控制器、专用型盒及型盒夹具等。

（三）口腔科铸造设备

1．箱型电阻炉　又称预热炉或茂福炉，主要用于口腔修复体铸件及铸圈的加温预热。

2．高频离心铸造机　是口腔修复科常用技工设备，用于各类中、高熔合金（如钴铬合金、镍铬合金）的熔化和铸造，以获得义齿支架、嵌体、冠桥等铸件。

3．真空加压铸造机　是一种新型的铸造机，由微电脑控制，可自动或手动完成各种口腔科合金的熔化和差压式（加压或加压同时加吸）铸造。具有铸造成功率高、操作简便、铸件的理化性能稳定的优点。

4．钛铸造机　是一种主要用于制作钛铸件的铸造机。目前多采用离心、加压、吸引三力合一的原理制造，兼有真空铸造、压力铸造和离心铸造的特点，不仅可用于纯钛的铸造，也可用于钛合金、贵金属合金、镍铬合金、钴铬合金等多种合金的精密铸造。

（四）口腔科打磨设备

1. 技工用微型打磨机 又称微型技工打磨机，是口腔技工在制作各类口腔修复体时用于打磨、切削、研磨的动力装置。

2. 技工抛磨机 是口腔技工室常用设备，用于铸件、义齿等的打磨抛光。

3. 金属切割抛磨机 用于金属铸件的切割和义齿的打磨、抛光等。良好的金属切割打磨机应具有性能稳定、噪音小、振动弱、防尘好及操作简便等优点。常用的有台式和便携式。

4. 喷砂机 用于机械清除口腔科修复体铸件（冠桥、支架、卡环）表面残留物的设备，可与铸造机配套使用。

5. 电解抛光机 是利用电化学的腐蚀原理，对金属铸件表面进行电解抛光的专用设备。

6. 超声波清洗机 是利用超声波产生振荡，对口腔修复体表面进行清洗的设备。主要用于烤瓷、烤塑金属冠等形状复杂的高精密铸件的清洗。

（五）口腔科焊接机

1. 口腔科点焊机 是用于焊接金属材料的设备，主要用于各类义齿支架、固定桥金属件和各类矫治器的焊接。

2. 激光焊接机 是现代义齿加工的重要设备之一，主要用于贵金属、非贵金属及钛合金间的焊接。该技术不同于传统焊接方式，系无焊接剂焊接。具有生物兼容性高、利于环保、焊接牢固、操作简便等优点。

（六）真空烤瓷炉

真空烤瓷炉是口腔瓷修复体制作过程中的重要设备之一，主要用于烤瓷熔附金属修复体外部瓷层的烧结。常用烤瓷炉从外形分为卧式和立式两类，其中立式应用较广。目前烤瓷炉大多具有真空功能，所以这一类烤瓷炉又称真空烤瓷炉。

（七）电脑比色仪

电脑比色仪是一种采用微电脑控制的辨色系统，不受比色者技巧经验以及外界环境的影响，通过量化自然牙色所具有的色彩三维结构（色相、色度、明度）的数值而准确地将颜色以数字的形式传递给技师的专用仪器。具有比色精确度高、使用方便等特点。

（八）平行观测研磨仪

平行观测研磨仪是主要用于口腔科技工平行度观测、研磨、钻孔的仪器。由底座、垂直调节杆、水平摆动臂、研磨工作头、万向模型台、工作照明灯、控制系统以及切削杂物盘等部件组成。

（九）计算机辅助设计与制作系统（CAD/CAM）

CAD/CAM是以计算机技术为核心的口腔修复体的"微型"加工厂。它既能在口腔科椅旁即刻完成所需修复体的设计与制作，又能在义齿制作室完成相应修复体的设计和制作。它将成为21世纪最具有前景的义齿制作技术之一。

（十）口腔科3D打印系统

口腔科3D打印系统是口腔修复体快速成型的高科技技术，它是以数字模型文件为基础，运用粉末状金属或树脂等可黏合材料，把数据和原料放进3D打印机中，通过逐层打印的方式来构造物体的技术，即机器会按照程序把产品一层层"堆"出来。口腔科3D打印技术的实质是将口腔科CAD与3D打印机结合，医师或技师可在"数字化模型"上设计修复体，将数据输入3D打印机进行打印。目前国内可以打印出义齿基托、重建树脂颌骨以及牙齿，该机具有制作高速、高分辨率、高精度等优点。

二、口腔医疗设备

（一）口腔基本设备

口腔基本设备主要是指口腔专业各科共用的设备，如口腔综合治疗机、口腔科专用高低速手机、光固化机、口腔科专用消毒灭菌设备等。

1. 口腔综合治疗机 是指机、椅合一的综合治疗机，一般由气路系统、水路系统、电路系统三部分组成。根据其配备的手机动力不同又可分为两种类型：一种是带气动手机的综合治疗机，含高速手机和低速气动马达手机，此种综合治疗机如配上联动的口腔科治疗椅则构成综合治疗台；另一种是只带有电动手机的综合治疗机，该机具有体积小、操作方便、性能稳定、故障发生率较低、便于维修等特点，适用于基层单位。

2. 口腔科专用高低速手机 口腔科手机是口腔科必备的设备之一。根据不同用途，有多种类型。本教材主要介绍高速手机、低速手机和电动牙钻机手机的工作原理及日常维护。

3. 光固化机 亦称光敏固化机，是用于聚合光固化复合树脂修复材料的卤素光装置。随着复合树脂材料的发展，复合树脂材料的固化早已由最初的化学固化逐步发展为光照射固化。最新研制出的新型可见光复合树脂材料，具有理化性能好、色泽自然美观、表面光滑、种类齐全、便于成形和抛光等优点。

4. 口腔种植机 是用于口腔种植修复中形成种植窝时使用的一种新型口腔修复设备。现代口腔种植机是在微电脑控制下应用，此设备能准确测量牙槽骨的厚度、牙槽窝的深度、骨密度，并配有多种功能的工作头，选择合适的种植机及其配件是减少骨损伤，提高种植体与种植窝密合度的重要环节，对提高种植成功率具有重要意义。

5. 口腔消毒灭菌设备 医源性感染是感染的一种重要途径，因而防止手机的回吸和消毒污染的器械在预防医源性感染方面显得尤为重要。常用的消毒灭菌方法有高温高压蒸汽灭菌法、干热灭菌法和化学灭菌法。通过医学实验证明，灭菌效果最理想的是高温高压蒸汽灭菌法。本节主要介绍高温压力蒸汽灭菌器。现代高温压力蒸汽灭菌器应具备以下特征：预真空、电子化，由微处理器控制；加热灭菌快速、可靠，具有多个消毒程序可选；数字显示消毒时间、温度和压力；设有灭菌效果监测和故障自检功能；有多重安全保护装置，包括安全排气阀及过热自动断电系统等；尚可外接打印机或电脑。

（二）口腔内科设备

口腔内科设备主要用于牙体、牙髓、牙周及口腔黏膜等疾病诊断和治疗的设备。如根管长度测量仪、超声波洁牙机、银汞合金调拌器等。

（三）口腔医学影像设备

口腔医学影像设备主要用于牙体、牙周、颌面及颞下颌关节疾病的诊断。包括口腔科 X 线机、全口牙位曲面体层 X 线机、口腔科 X 线片自动洗片机等。

1. 口腔科 X 线机 简称牙片机，是拍摄牙及其周围组织的设备，主要用于拍摄牙片、根尖片、咬合片及翼颌片等。牙片机分为壁挂式、座式、便携式和附设于综合治疗台的四种类型，壁挂式常固定在墙壁上或悬吊在顶棚上；座式又分为可移动型或不可移动型；便携式体积小，便于携带，适用于野外口腔临床诊疗需求；附设于综合治疗台的牙片机适合于口腔科医师在诊断治疗室内拍摄，但无防护设施，目前使用较少。

2. 全口牙位曲面体层 X 线机 分为普通全口牙位曲面体层 X 线机和数字化全口牙位曲面体层 X 线机两种。主要用于拍摄上下颌骨、上下颌牙列、颞下颌关节、上颌窦等部位。

近年来，全口牙位曲面体层 X 线机增设了头颅定位仪，可拍摄头影定位侧位 X 线片，适合于正畸和口腔颌面部整形的临床工作需求。

3. 口腔科 X 线片自动洗片机　是冲洗口腔科 X 线胶片的专用设备。X 线片洗片机主要分为三型：一种是冲洗普通 X 线片的机器；另一种是冲洗牙片的专用洗片机；第三种是混合洗片机，可冲洗各种 X 线片。后两种均称为口腔 X 线片自动洗片机。

 小知识

历史知识

21 世纪口腔治疗方法将从解决局部问题（拔牙和牙体缺损的修复）转变为解决系统问题（牙颌构建和重建），并将发展一批记录、评价、预测牙颌系统结构和功能的设备器材。能测量牙体移位、颌面部肌电位与牙体移位关系的仪器，如下颌运动轨迹扫描、关节音、肌电记录三者合一的下颌运动诊断系统，能在三维空间内精确的追踪、显示和记录下颌运动，能全面测量患者的颞下颌关节、咀嚼肌运动与咬合力及咬合关系。

 小结

本章简单介绍了口腔设备的概念、分类、发展及口腔设备的标准和监督管理。同时介绍了口腔工艺设备在口腔修复体制作过程中的应用，及口腔医疗设备在口腔临床中的作用和地位。并为口腔修复工艺专业学生推荐了学习本课程的方法，为其掌握本课程后续内容奠定基础。

（李新春）

 练习题

1. 常见的口腔工艺设备有哪些？
2. 常见的口腔基本设备有哪些？
3. 现代高温压力蒸汽灭菌器应具备哪些特征？

第二章 切割、打磨及抛光设备

学习目标

1. 掌握：技工用打磨机、技工用抛磨机、金属切割抛磨机、模型修整机、电解抛光机等常用口腔技工设备的正确使用和保养。
2. 熟悉：技工用打磨机、技工用抛磨机、金属切割抛磨机、模型修整机、电解抛光机等常用口腔技工设备的结构和原理。
3. 了解：技工用打磨机、技工用抛磨机、金属切割抛磨机、模型修整机、电解抛光机等常用口腔技工设备的常见故障及其排除方法。

第一节 技工用打磨机

技工用打磨机是口腔技工室基本设备之一，用于制作口腔修复体的打磨、研磨、抛光和修改，也可用于口腔内科治疗时洞形制备及修复治疗的牙体预备等，由于目前高速涡轮机的普及，技工用打磨机已很少用于牙体制备。

目前临床上使用的打磨设备大概可分为两类：一类是微型电动打磨机，具有携带方便、操作简单、转速高、无振动感、切削力强等优点。根据安放形式的不同分为台式和吊式，台式多放在工作台上；吊式可悬挂，不占用工作台面，更节省空间，使用时可根据工作场所需要具体选择。微型电动打磨机由于体积小、携带方便，可用于试戴义齿时做少量磨改及抛光等。另一类是传统的技工打磨机，体积较大、功率大、速度快、切削力强，可安装多种型号的磨头，使用方便，多用于口腔修复技工室制作过程中对修复体的打磨抛光。

一、微型电动打磨机

微型电动打磨机又称技工微型电机，具有体积小、转速高、切削力强、转动平稳可靠、携带方便等特点，适合放置在任何位置。随着科学技术的发展，微型电动机的研制和开发过程中运用了许多高新技术，因而有较大发展，如大转矩无碳刷微型电动机、免加油维护高精度微型电机等。既可水平放置也可悬吊放置，吊式放置可节省场地，使操作空间得以充分有效地利用。打磨机由微电脑控制，有的设有转速自动锁定功能，有的设有自动故障显示及转速显示（图2-1，图2-2）。

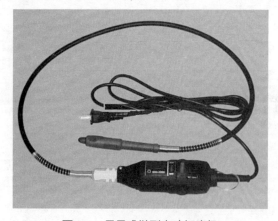

图 2-1　悬吊式微型电动打磨机

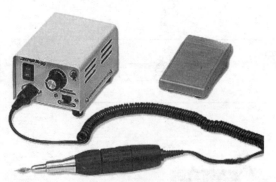

图 2-2　台式微型电动打磨机

目前还有体积更小的手持微型打磨机，携带更方便，结构紧凑、重量轻、功能多，使用时只要装好随机附带的夹头（钻头、砂轮、锯片），插入 220V 电源，启动开关即可使用（图 2-3，图 2-4）。

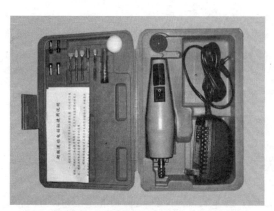

图 2-3　手持微型打磨机（一）

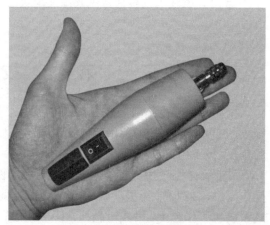

图 2-4　手持微型打磨机（二）

（一）结构与工作原理（图 2-5，图 2-6）

1. 结构　由微型电机、打磨机头、控制系统等组成。

（1）微型电机：位于手持机柄内，根据电机的结构不同可分为有铁芯、无铁芯、无碳刷三种。①有铁芯电机的特点是效率低、易发热、转子惯性大、不易制动，在进行精细雕刻打磨时不方便；②无铁芯电机的特点是电机效率高、不易发热、重量轻、转子惯性小、易于实现电子制动，适合进行精细雕刻打磨；③无碳刷电机的特点是可避免电磁干扰、电机效率高、不易发热、重量轻、转子惯性大、转矩大。

（2）打磨机头：为一根空心主轴，内装有弹簧夹头，在手机外壳上，另有一套装置控制弹簧夹头的拉紧和松开。根据装卸方式不同可分为扳把式和卡环式。

（3）控制系统：用于控制和选择微型电机的启动、停止、旋转速度和旋转方向。由电源控制电路和脚控开关及各种功能开关组成。

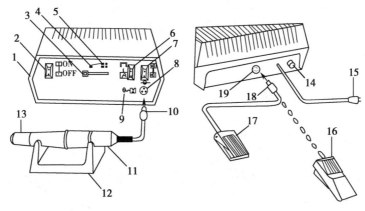

图 2-5 微型电机结构示意图

1. 控制器 2. 电源开关 3. 调速手柄 4. 电源指示灯 5. 速度显示灯 6. 手脚控选择开关 7. 正反转选择开关 8. 电动机电源插座 9. 恢复按钮 10. 电动机电源插头 11. 电动机 12. 电动机托架 13. 机头 14. 保险装置 15. 电源插头 16. 可调速脚控开关 17. 脚控开关 18. 脚控开关插头 19. 脚控开关插座

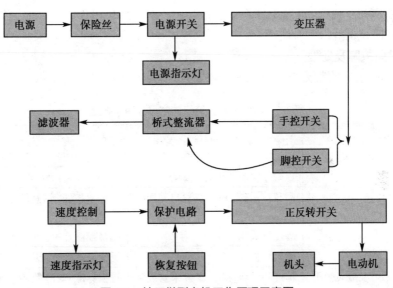

图 2-6 技工微型电机工作原理示意图

2. 工作原理　为永磁直流电动机,适用于直流低压电源,直流电源流入转子绕组由于磁场的作用,产生旋转动力。

（二）操作方法

1. 将微型电机电源插头插在控制器上。

2. 接通电源。

3. 按需要选择旋转方向。

4. 选择合适车针并安装到打磨夹头上,确认安装是否正确。目前通用车针柄的直径为2.35mm。

5. 将微型电机调速旋钮调至最低速。

6. 启动电源开关。

7. 根据需要调整转速。

8. 打磨时用力要均匀，且不宜用力过大，工作结束后切断电源。

（三）维护保养

1. 经常保持机头的清洁和干燥。

2. 定期用压缩空气清洗机头。

3. 定期清扫微型电机内的碳粉，防止电机短路。

4. 请勿碰撞和摔打微型电机，以免损坏。

5. 不要在夹头松开的状态下使用电机，以免损坏机器。

6. 电机不用时，必须安装车针，防止无车针空转或锁紧时造成轴承损坏及夹车针的三瓣簧过紧；禁止无车针使用手机。

7. 打磨时要均匀用力，不要使用过大压力，否则会使电机过热。

8. 每次启动时要从低速开始，根据需要逐渐加大速度，并仔细检查车针有无抖动，如有，则应及时停止，并检查原因，及时调整，以免发生危险。

9. 车针柄有弯曲时切勿使用，因为弯曲的车针在高速旋转下由于离心作用可发生危险，并缩短轴承的寿命，影响打磨工件质量。

10. 机器应间歇操作，连续工作不宜超过半个小时。暂停操作时，机头应放置在机头支架上，防止碰撞和跌落。

（四）常见故障及处理

微型电动打磨机的常见故障及处理见表2-1。

表2-1 微型电动打磨机的常见故障及处理

故障现象	可能原因	处理
打开电源，电机不旋转	未接电源或插头无接触	检查电源，插好插头或更换插头
	保险丝熔断或电源线断路	更换同型号保险丝
	超负荷运转，保护装置自动切断电源	按恢复按钮，注意间歇操作，不能超负荷工作
	脚控开关或控制系统有故障	检修控制开关，更换损坏元件
	碳刷磨损	更换同规格的碳刷
手机振动较大，车针摆动剧烈	车针不符合标准，车针未安装到位，针柄弯曲或磨头与针柄脱离	更换标准车针，重新正确安装，确保安装到位
	轴承损坏	更换轴承
电机转速明显变慢或不转	碳刷磨头过短（无碳刷型除外）	更换碳刷
电机温度升高，转速变慢，噪音大	轴承损坏	检查更换轴承，更换时要动作快，防止定子长时间空置，导致永磁体磁性丧失
	车针未安装正确，导致转轴扭力过大，致使电机和夹头温度升高	重新安装车针，清理弹簧夹头内的粉尘污物
	微电机有短路，造成电流过大	检修微电机，消除短路因素
	使用方法不当或时间过长	间歇使用，避免发热损坏电机
电机运转时有异味和杂音	车针未夹紧	夹紧车针
	机头缺油摩擦升温	机头定期添加润滑油

二、技工打磨机

技工打磨机是传统的打磨抛光设备，多用在口腔修复技工室内，用于修复体的打磨、修改、抛光等（图2-7），因机器使用时会产生大量粉尘，故技工室要求配有防尘装置，以免操作人员长期在技工室工作，吸入大量粉尘危害身体健康。

图2-7　技工打磨机

（一）结构及工作原理（图2-8，图2-9）

1. 结构　主体为电动机，电动机由转子、定子、电容器、离心开关、变速旋钮开关组成，电动机为双伸轴，变级调速，单向旋转。双伸轴可用于安装各种附件和传递扭矩力。转速分快速和慢速两种，由旋钮速度转换开关控制。除电机外，所带附件还有以下部分：

（1）机臂支架：可将其插入三弯臂，配合带绳轮的锥形螺栓、机绳、直机头或弯机头，可用于口腔治疗或打磨铸件，可根据需要装卸。

（2）带绳轮锥形螺栓：用于安装抛光轮和配合三弯臂做口腔科电动机使用，带绳轮锥形螺栓为右旋螺栓，应安装在主机的右轴上。

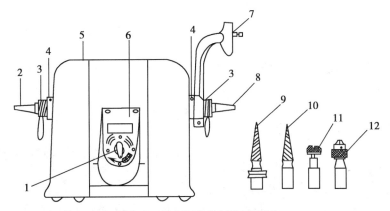

图2-8　技工打磨机结构示意图

1. 调速开关　2. 左伸轴　3. 螺母　4. 加油孔　5. 机身　6. 铭牌　7. 机臂支架
8. 右伸轴　9. 右旋锥形螺栓　10. 左旋锥形螺栓　11. 砂轮夹头　12. 车针轧头

图2-9　技工打磨机工作原理示意图

（3）车针夹头：用于夹持车针，各型砂石针和各类金属磨头。

（4）锥形螺栓：供安装各种抛光轮，用于修复体的抛光，左旋螺栓应安装在主机的左轴上。

（5）砂轮夹头：用于夹持砂轮。砂轮夹头用平头螺丝紧固砂轮，使用前必须分清紧固螺丝的方向（左旋或右旋），安装在正确的位置。

2. 工作原理 采用鼠笼式电动机转子，分相法启动的单相异步电容启动电动机。

（二）技术参数

电源电压：220V

电机功率：±100W

电动机转速：1400～2800r/min

（三）操作方法

1. 按要求选择合适的电源，并有良好的接地装置或接零保护装置。

2. 按工作需要选择合适的抛光轮、砂轮等，并正确安装。

3. 先按顺时针调至快速挡，启动电机并运转正常后，可根据需要降低或提高速度，切忌不可直接用慢速挡启动，否则电机不能正常启动和运转，启动线圈长时间在大电流下工作易损坏电机。

（四）注意事项

1. 使用器械和磨光材料应遵循由粗到细的原则，先磨平后磨光。

2. 技工打磨机为高速运转机件，使用时不应长时间用力，要避免因用力过大而停转的现象。正确的使用应是间断用力的"蜻蜓点水"式切削。

3. 打磨时切勿伤及卡环，打磨过程中随时转换义齿角度和打磨位置。表面受力要均匀，避免打磨时产热，导致义齿基托扭曲或变形。

4. 采用研磨料磨光时，所用布轮、绒轮、毛刷均应充分浸湿，研磨时不断加水加料，以免产热过大造成修复体变形。

5. 抛光时，应更换一个新的布轮或绒轮，并不断在布轮或绒轮上添加抛光剂，以达到最佳效果。

6. 一般使用的机头不可用于有水或其他液体的环境。使用时机头内不得进入各种液体，否则会损坏机器。

7. 磨抛时应找好支点，把稳义齿，注意与绒布轮接触的部位，勿使卡环被布轮挂住导致变形，或义齿被弹飞、折断。

8. 机器应固定在平稳牢固的工作台上，以防运转过程中产生较大的振动和噪音，影响操作和工件质量。

9. 安装砂轮时要保证位置的正确和紧固。

10. 仔细检查砂轮有无破裂，若有破裂必须更换，否则会发生危险。

11. 正常运转时，机头温度应低于40℃，使用时不要长时间高速运转，磨头没有切削能力时要及时更换。

12. 严禁在车针夹持不牢或没有车针的情况下运转，否则会烧毁电机。不得使用生锈的车针和弯曲磨具，否则会损坏轴承。须使用国际标准（φ2.35mm）的车针和夹持针。

13. 不要随意拆卸机器。若有异常情况，要及时送到维修部检修。

（五）维护保养

1. 常用干燥的棉纱等擦拭打磨机的表面，保持清洁。

2. 注意保持端轴的光洁度，常用含润滑油的棉纱擦拭两端轴及附件的内孔，防止生锈。

3. 定期向打磨机左右两侧加油孔内注油，新购的打磨机在第一次使用前也应加注润滑油，每次加完油，要盖紧油孔上的盖或塞，防止粉尘进入，缩短打磨机的寿命。

4. 大量粉尘进入机头内部会造成运转过热，甚至会损坏轴承，直接影响机头的使用寿命，因此要定期清理。

（六）常见故障及处理

技工打磨机的常见故障及处理见表2-2。

表2-2 技工打磨机的常见故障及处理

故障现象	可能原因	处理
电动机不启动	无电源	检查供电电源
	插头未插紧	插紧插头
	电动机抱轴	检查维修电动机
	转子和定子扫膛卡轴	调整转子和定子的间隙
	轴承严重磨损或损坏	更换轴承并注意加油
	电容器击穿	更换同型号电容器
	速度转换开关损坏	修理或更换速度转换开关
	离心开关未接通	修理或更换离心开关
	绕组断路或烧毁	重接或重绕绕组
电动机转速慢	离心开关触点粘连	修理离心开关，打磨接触点
	离心开关损坏	更换离心开关
	离心开关触点弹簧断裂或失去弹性	更换弹簧或离心开关
	违反操作常规，使用慢速挡启动	按常规操作，严禁使用慢速挡启动
打磨机启动即熔断电源保险丝，或运行数分钟后电动机发热并发出烧焦味	电极绕组短路，造成电流过大，熔断保险丝，使电动机异常发热	立即停机，由专业维修人员检修

 小知识

历史知识：台式（立式）牙钻机

台式牙钻机属电动牙钻机，电动牙钻机根据设计形式的不同，有台式、立式、机载式、壁挂式等，虽然形式不同，但工作原理及构造基本相同（图2-10～图2-14）。

图2-10 立式牙钻机

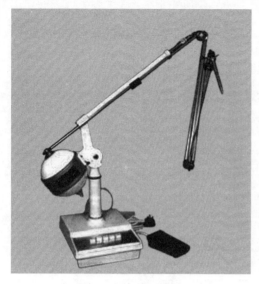

图 2-11　台式牙钻机

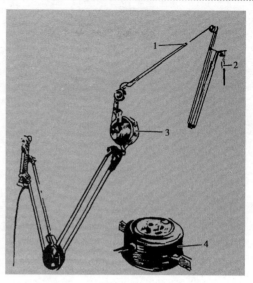

图 2-12　壁挂式牙钻机示意图
1. 三弯臂　2. 直手机　3. 电机　4. 脚控开关

图 2-13　壁挂式牙钻机

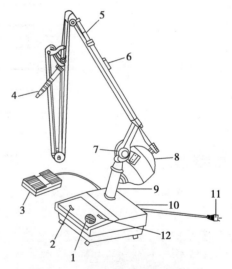

图 2-14　台式电动牙钻机示意图
1. 调速开关　2. 电源开关　3. 脚控开关
4. 直机头　5. 三弯车绳架　6. 撅钮
7. 调节螺母　8. 电动机　9. 羊角钗
10. 底座　11. 电源线　12. 指示灯

第二节　技工用抛磨机

为口腔技工室常用设备，用于铸件、义齿等的打磨抛光，与技工打磨机相比，有相似之处，但用途更广，性能更多。机器有照明及除尘防护装置，转速高，操作简便（图2-15）。

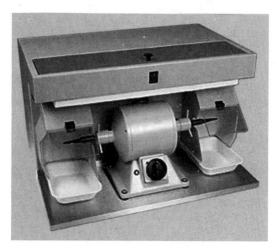

图2-15 技工用抛磨机

（一）结构与工作原理

1. 结构　主体为电动机，电动机为双伸轴，变级调速，双向旋转。双伸轴可用于安装各种附件和传递扭矩力。转速分快速和慢速两种，由旋钮速度转换开关控制。除电动机外还有安全防护装置、照明装置、防尘装置和吸尘装置。吸尘装置的通道可直接与吸尘器连接，达到无尘操作，保障了操作人员的身体健康。电机和防护装置与机箱装配为一整体，外形整齐，使用更为方便、灵活。

2. 工作原理　为电容启动电动机，原理类似技工打磨机，即通电后定子线圈产生磁场，在旋转磁场的作用下，具有双伸轴结构的转子开始旋转，达到打磨和抛光的目的。由于单向交流电不产生旋转磁场，因此单相异步电动机需增加启动装置。常用的方法是电容启动电动机，即电容器、离心开关和启动绕组串联后和运行绕组并联接入220V电源。电容器的作用是把单向交流电转变为双向交流电，分别加在运行绕组和启动绕组上，当具有90°相位差的两个电流通过空间差90°的两相绕组时，产生的磁场就是一个旋转磁场，于是在旋转磁场作用下转子得到启动转矩而开始运动。与技工打磨机相比启动快速、转速稳定、功率更大、速度更快。

（二）技术参数

电源电压：220V±22V，50Hz

电源功率：264W/364W

吸尘管直径：4cm

电机转速：1400～3000r/min

（三）使用方法

1. 按要求放稳机器，保证运转时不晃动。

2. 操作前检查安全保护装置、照明装置、除尘装置是否正常。

3. 按要求选择合适的工作电源电压，要求有良好的接地装置或接零保护。

4. 按工作需要选择合适的抛光轮、砂轮等，正确安装在两端的轴上。

5. 启动电机开始运转正常后，可根据需要降低或提高速度，切忌不可直接用慢速挡启动，否则电动机不能正常启动和运转，启动线圈长时间在大电流下工作易损坏电动机。

（四）保养维护

1. 经常擦拭抛磨机，使之保持清洁，电机内可用手风箱或吹风机来清除粉尘。

2. 注意保持两端轴的洁净，常用含润滑油的棉纱擦拭两端轴及附件的内孔，防止生锈。

3. 定期向左右两侧加油孔内注油，检查运转时有无发生熔丝烧断的现象。

4. 勿使电机受潮，长期搁置并再次使用前要检查是否需要烘干。

5. 每次用完要清除粉尘，保持除尘通道的通畅。

6. 防护档板要注意擦拭，保持透明光亮，以便于观察。

（五）常见故障及处理

具体内容参见本章第一节"二、技工打磨机"。

 小知识

理论与实践：义齿基托的打磨与抛光

将义齿从石膏模型上取下，注意用石膏剪将石膏模型一点点地破坏，逐渐从义齿上去除干净。操作时不要用力过猛或从模型中间剪断，以免使义齿受损或基托折裂。义齿与模型分离后，先用菠萝钻或磨头磨除基托的菲边，用球钻磨除基托磨光面和组织面上的树脂小瘤或未除净的石膏等，再用纱布卷粗磨基托的磨光面和边缘，将基托表面磨平整，最后在抛光机上用棕毛刷和湿布轮蘸细石英砂糊抛光义齿基托磨光面和人工牙，直至表面光滑，同时在抛光机上用干布轮蘸抛光膏对义齿表面进行上光，但要注意避免过度抛光使人工牙磨损和改变形态。

第三节 金属切割抛磨机

金属切割抛磨机是技工室的专用设备之一，用于金属铸件的切割和义齿的打磨、抛光等。良好的金属切割打磨机应具有性能稳定、噪音小、体积小、防振动、防尘好及操作简便等优点。金属切割抛磨机的种类较多，常用的有台式和便携式。

（一）结构与工作原理（图2-16，图2-17）

1. 结构　其外形与技工打磨机相似，备有安全防护装置，外壳系合金铸件，具有安全可靠、耐腐蚀等特点，轴的一端可安置形态各异的砂轮，另一端安装不同类型的砂片。

（1）电动机主机座部分：包括双伸轴单相异步电容启动电动机、电源线主机开关。按功能分固定转速电动机和无级变速电动机。前者转速一般为1450～2900r/min，后者的转速调节为0～10 000r/min。无级变速使用较广。

（2）切割部分：包括防护罩、砂片、固定砂片的夹具等。

（3）打磨部分：包括砂轮、止推螺母、连接套和钻轧头等。

2. 工作原理　单相异步电动机的旋转原理与技工打磨机相同，即通电后定子线圈产生磁场，在旋转磁场的作用下，具有双伸轴结构的转子开始旋转，达到切割和打磨的目的，由于单向交流电不产生旋转磁场，因此单项异步电动机需增加启动部分。常用的方法是电容启动电动机，即电容器、离心开关和启动绕组串联后和运行绕组并联接入220V电源。电容器的作用是把单向交流电转变为双向交流电，分别加在运行绕组和启动绕组上，当具有90°

相位差的两个电流通过空间差 90° 的两相绕组时,产生的磁场就是一个旋转磁场,于是在旋转磁场作用下转子得到启动转矩而开始运动。

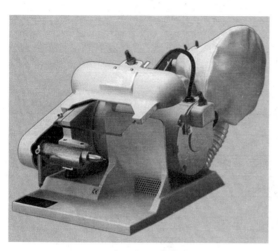

图 2-16　金属切割抛磨机(一)

图 2-17　金属切割抛磨机(二)

(二)技术参数

电源电压:220V±22V,50Hz

电源功率:250～370W

电机转速:3000～17 000r/min

(三)使用方法

1. 将机器平放在工作台上,并有良好接地装置。

2. 转动电源开关,接通电源。

3. 操作前检查砂片是否与防护罩或其他东西接触,若有需要,调整角度,然后再启动电动机。

4. 切割金属工件时,必须注意砂片的转动速度不要太快,否则因离心力的作用易发生砂片飞裂事故,造成人身伤害。

5. 切割金属时不可用力过猛或摆动,以免砂片折断伤及人体。

6. 操作者一般不能直接面对旋转切割砂片操作,避免发生意外。

7. 用吸尘器收集粉尘,以防污染环境。

(四)维护保养

1. 砂片使用一段时间后,要及时检查报废,更换同型号的砂片。

2. 砂片厚度应超过定位轴套台阶长度的 0.5～1.5mm,通过紧固螺母将砂片牢固压紧。

3. 砂片两面必须垫上软垫板(石棉纸或有一定厚度的橡皮垫),防止砂片压裂或破损。

4. 使用钻轧头时,要擦净轴端锥度面和钻轧头锥空,用木槌轻拍钻轧头,使之紧固,不用时,扳动止推螺母把钻轧头退出、卸下,以便下次使用。

5. 保持电动机干燥,定期清除砂灰,轴承加油。

(五)常见故障及处理

金属切割抛磨机的常见故障及处理见表 2-3。

表2-3 金属切割抛磨机的常见故障及处理

故障现象	可能原因	处理
电动机不启动	电源未接通	检查电源
	保险丝熔断	更换保险丝
	电源插头线松脱	接牢插头线
	电动机绕组断线	修理电动机
	启动电容器失效	更换电容器
电动机转速慢	电压过低	检查电源电压
	主绕组短路	检修短路部位
	转子有断裂	修理或更换转子
	轴承损坏	更换轴承
	电容器损坏	更换电容器
电动机运转时发出异常声音	定子与转子之间过度摩擦	调整两端压盖
	轴承破裂	更换轴承
	轴承转动部分未加润滑油	清洗轴承，添加润滑油
电动机运转时发出异味并过热	电压过高	检查电源电压
	电动机过载	降低负荷，不要连续运作时间过长
	电动机绕组短路	重新绕制绕组

第四节 模型修整机

模型修整机即石膏模型修整机，又称石膏打磨机，是口腔修复技工室修整石膏模型的专用设备（图2-18～图2-21）。

根据修整的部位不同分有石膏模型外部修整机和内部（舌侧）修整机，内部修整机的磨头多为硬质合金，有多种型号供选择使用。

根据外形不同可分为台式修整机和立式修整机。

图2-18 石膏打磨机（一）

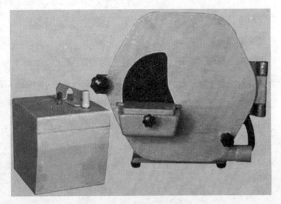

图2-19 石膏打磨机（二）

图 2-20　石膏打磨机（三）

图 2-21　石膏打磨机（四）

根据模型修整方法分为干性修整机和湿性修整机。两者外形相似，湿性修整机有一个进水孔，在模型修整的同时有水注入，可更好的防尘。

石膏模型硬固脱膜后，必须及时修整，模型修整的目的是要使其美观、整齐、利于义齿制作，并便于观察保存。模型修整的要求是：

1. 修正模型底面使其与𬌗平面平行。

2. 修正模型的四周。

3. 用工作刀修去咬合障碍的部分，去除模型𬌗面的石膏小瘤，修去黏膜反折处的边缘，并使下颌舌侧平展，以利于熔模的制作。

（一）结构与工作原理（图 2-22）

1. 结构　石膏模型修整机由电动机及传动部分、供水系统、砂轮、模型台四部分组成，其外壳为金属或非金属制作而成。

2. 工作原理　砂轮直接固定在加长的电动机轴上。接通电源后，电动机转动带动砂轮转动，湿性修整机的供水系统同步供水。石膏模型在模型台上与转动的砂轮接触，从而起到修整作用。水喷到转动的砂轮上，再经排水孔进入下水道。

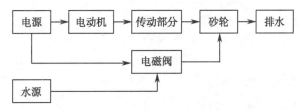

图 2-22　石膏模型修整机工作原理示意图

（二）技术参数

电源电压：220V±22V，50Hz

功率：140W

转速：1400～3000r/min

19

（三）使用方法

1. 石膏模型修整机应固定在有水源及有完善下水道的地方，安装的高度和方向以便于操作为宜。

2. 使用前应检查砂轮有无松动、裂痕或破损。

3. 接通水源，打开电源开关，电动机开始转动，待砂轮运转平稳后，即可进行石膏模型的修整。

（四）操作常规

1. 未接通水源前不能进行操作，以防石膏粉末堵塞砂轮上的小孔。

2. 砂轮破损严重时，应更换同型号砂轮。

3. 操作时切勿用力过猛，以免损坏砂轮。

4. 砂轮运转过程中，切忌打磨除石膏外其他物品。

5. 每次使用后必须用水冲净砂轮表面附着的残留石膏，保持砂轮锋利。

6. 机器如长时间不用，应定期通电，避免电动机受潮。

7. 技工室设置模型修整机时，下水管道要粗，一般可采用标准管（φ254.0～φ304.8mm），从模型修整机打磨出的石膏浆先进入过滤槽，过滤槽的下游设置过滤网，将混入石膏浆中的石膏块阻隔在过滤槽内，以免阻塞管道。

（五）常见故障及处理

模型修整机的常见故障及处理见表2-4。

表2-4 模型修整机的常见故障及处理

故障现象	可能原因	处理
插上电源插头电动机不工作	电源插头损坏，或接触不良	更换或修理电源插头
	电源开关损坏	更换电源开关
	接线盒内连线断路	焊接连线
	电动机绕组或连线断路	重新绕制电动机绕组或焊接断线
接通电源，电动机不转并发出"嗡"的声音	电动机轴承锈蚀	更换轴承
接通电源，电动机工作，但砂片不转	电动机传动部分松动打滑	紧固传动部分
	砂轮固定螺帽松动	拧紧砂轮固定螺帽

 小知识

理论与实践：石膏模型的灌制与修整

按规定的水粉比例用真空石膏搅拌机调拌硬质石膏，手持托盘放在模型振荡器上，使调拌好的硬质石膏先流入印模的缺隙及余留牙处。再将印模置于工作台面上做适当修整。待石膏充分凝固变硬后将印模与石膏模型分离。然后用石膏打磨机和模型修整器平整石膏模型的底面和侧面，要求模型底面与牙槽嵴平面平行。模型底部应与牙槽平面平行，厚度不小于10mm，唇颊侧及后缘保留3～4mm宽石膏边缘，边缘及口底高于印模边缘2～3mm。模型侧面与底面垂直。用工作刀修整模型边缘的围堤，围堤边缘修成小斜面，尽量消除倒凹。用锋利的工作刀在工作模型底座修出三个V形刻槽，涂抹凡士林使之润滑。

第五节 电解抛光机

电解抛光机是利用电化学腐蚀原理,在特定的溶液中进行阳极电解,整平金属表面,降低金属表面粗糙度,提高其表面光泽度而对金属表面进行抛光的设备。与机械抛光相比,它最大限度地保留了铸件的几何形状,提高了铸件表面的光洁度,具有生产效率高、成本低、操作方便、不产生表面加工应力、操作时间短等优点。为了安全考虑,设备还设计有自我保护装置(图2-23,图2-24)。

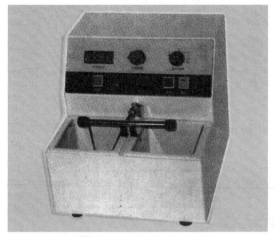
图 2-23 电解抛光机(一)

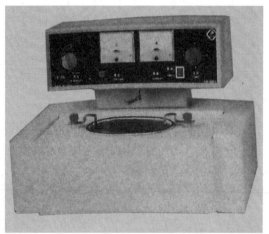
图 2-24 电解抛光机(二)

(一)结构与工作原理

1. 结构 由电源及电子电路、电解抛光箱两部分组成。

(1)电源及电子电路:提供电解抛光时所需的电流并控制抛光时间,进行电解抛光时,需根据铸件的大小和铸件表面粗糙情况合理选择电流大小和抛光时间。由整流电路、时间控制电路、电流调节电路、电流输出电路等组成。

(2)电解抛光箱:存放电解液、放置铸件进行抛光的部分。由电解槽、电极、控制面板组成。电极分阳极和阴极,在电解抛光时,将铸件与阳极连接,阴极接电解槽,控制面板上有相关旋钮,用来调节所需的电流、时间、开关等。

2. 工作原理 电化学抛光是利用金属电化学阳极溶解的原理而进行的。它不受材料硬度和韧性的限制,可抛光各种复杂形状的金属铸件。

铸件在电解液中位于阳极,电解槽处于阴极,在电场的作用下,铸件表面产生一层高阻抗膜,铸件表面凸起部分的阻抗膜比凹下部位的膜薄,因此凸起部分会被先电解,依此原理,整个铸件表面可光滑平整(图2-25)。

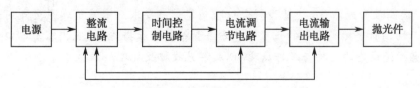
图 2-25 电解抛光机工作原理示意图

（二）技术参数

工作电源：交流电，电压为 $220V \pm 22V$，频率为 $50Hz$

功率：小于 $100W$

输出电流调节范围：$0 \sim 25A$

时间控制范围：$1 \sim 15$ 分钟

允许电极短路时间：短于 15 秒钟

连续工作时间：8 小时

（三）操作常规

1. 在电解槽中放入电解液，并按需要调节加热温度，设定好时间和电流。

2. 将铸件放入电解液中，接好电极，打开电源开关，开始抛光。

3. 抛光结束，电流表返回零，若觉得效果不佳，可重复上述步骤，直至满意为止。

（四）维护保养

1. 使用设备时，电源电压要稳定，符合设备要求。

2. 定期检查设备有无破损。

3. 工作时，注意观察电极接触是否良好。

4. 使用后，要倒出电解液，清洗电解槽。

（五）常见故障及处理

电解抛光机常见故障及处理见表2-5。

表2-5 电解抛光机常见故障及处理

故障现象	可能原因	处理
打开开关，设备不工作	保险丝断	接通或更换保险丝
	电源线断路或变压器故障	更换或修理电源线和变压器
	整流电流故障	检修整流电路，更换损坏部件
	时间控制电路损坏	更换损坏元件
无电流输出或输出电流不可调	电流输出故障	检修电流输出故障，更换损坏元件
	电流调整电路故障	检修电流调整故障，更换损坏部件
	电流表损坏	更换
	电流调节电位器接触不良	清洁接触点
时间不能控制	时间控制电路损坏	更换电路

小结

　　口腔技工切割打磨抛光设备是口腔修复设备的重要组成部分，主要用于义齿修复加工过程中的打磨、切削、抛光和清洗，在义齿修复加工的过程中可以清除义齿表面的残留物，提高表面光洁度，使义齿符合口腔功能形态要求。本章节学习重点内容是各口腔技工切割打磨抛光设备的正确操作方法和维护保养措施；难点内容是各口腔技工切割打磨抛光设备的结构与工作原理，以及常见故障及处理。

（蒲小猛）

练习题

1. 微型电动打磨机的优点有哪些？
2. 技工打磨机的结构及工作原理是什么？
3. 技工用抛磨机的结构及工作原理是什么？
4. 金属切割抛磨机的结构及工作原理是什么？
5. 模型修整机的操作常规有哪些？
6. 电解抛光机的组成及工作原理是什么？

第三章　铸造烤瓷设备

 学习目标

1. 掌握：琼脂溶化器、真空搅拌机、箱型电阻炉及中、高熔铸造机、喷砂机、超声波清洗机及烤瓷炉的使用和维护保养方法。
2. 熟悉：铸造烤瓷设备的结构与工作原理。
3. 了解：各型钛金属铸造机的工作原理和操作程序。

　　铸造是现代口腔修复制作程序中重要的工艺过程之一，随着固定修复技术、精密铸造、烤瓷修复体、钛及钛合金修复体等的推广普及，铸造技术已成为口腔修复工艺使用最多的技术，其设备仪器也成为研发的重点。

　　烤瓷技术自 20 世纪 70 年代末引入我国，目前在临床口腔修复方面已得到较为广泛的应用。

第一节　琼脂溶化器

　　琼脂为可逆性弹性印模材料，可用于临床取口腔印模，也可在技工室进行带模铸造时翻制印模、灌制铸造耐火模型时使用。琼脂常温下是一种有弹性的胶状物质，温度升高时，可由胶状固态向液态转化。琼脂溶化器(图 3-1)的主要功能就是热熔琼脂并自动恒温控制，使琼脂保持在流体状态，常见机型还带有自动搅拌等功能，故又称为琼脂搅拌机。由于琼脂种类和应用场合不同，同类产品参数有区别，但其工作原理基本相同，运行可靠、操作简便。下面详细介绍琼脂搅拌机(图 3-2)。

(一)结构及工作原理

　　1. 结构　由温度控制系统和电动搅拌系统组成，主要部件包括琼脂锅、加热器、搅拌器、温度传感器、风扇、放料球阀、放料口、操作面板(红色电源开关、蓝色低温保温开关、绿色解冻搅拌开关及指示屏等)及控制电路等。琼脂锅由不锈钢材料制成，在锅外装有带状电加热器，底部装有搅拌电机和温度传感器，电机轴锅内的搅拌刀相连，降温风扇装在设备的外壳上。

　　2. 工作原理　碎块状琼脂固体放入锅内，利用附着在锅外的电阻丝加热带加热琼脂，采用高低双温数字控制器，可在低温下长时间保温，使琼脂在略高于凝固临界点温度时放出，进行浇铸，从而获得低气泡的铸模。设备操作简便，设定上限温度和下限温度，选定工作状态，启动后即进入自动工作，设备常用工作状态如下：

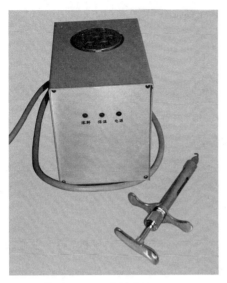

图 3-1 琼脂溶化器

图 3-2 琼脂搅拌机

（1）全循环状态（常规使用状态）：当绿色按钮被选定为搅拌状态时，接通电源，自动进入全循环状态，此时，琼脂在搅拌状态下，加热至上限温度（一般设定为 90℃），当琼脂达到上限温度时，加热断开，红灯亮，风扇接通使琼脂降温。当琼脂温度下降至下限温度时（一般设定为 55℃），加热接通，风扇断开，自动进入保温程序，琼脂在设定的下限温度进行保温。

（2）保温循环状态：当锅内琼脂无需加热时，通电后，按下蓝色按钮，程序将进入保温状态，琼脂处于保温状态，可随时使用。

（3）解冻与搅拌：绿色按钮按下时为解冻，弹起时为搅拌。当琼脂被解冻或临界解冻时，是不允许搅拌的，需进行低功率加热解冻后，方可进入正常程序。

（二）技术参数

电源电压：220V，50Hz

功率：≥1200W

电机转速：40r/min

加热功率：500W

琼脂容量：3～5kg

（三）使用方法

1. 打开顶盖，将锅内残留的琼脂清理干净。

2. 向锅内放入切好的小块琼脂（小于 10mm），数量不少于设备正常工作的最低量，不超过最大限量。

3. 接通电源，设定上限温度为 90℃，下限温度为 55℃。

4. 先进行解冻，然后再搅拌。

5. 观察面板屏幕显示的当前温度，当锅内温度升到 55～60℃时，可根据需要把小块琼脂加足。当加热到下限温度 55℃时，绿灯灭；加热到上限温度 90℃时，加热自动停止，风扇启动，红灯亮，锅内温度开始下降，当锅内温度降至 55℃时，红灯灭，锅内琼脂处于可浇铸状态。

6. 打开放料球阀，琼脂液体由放料口流出，可进行连续浇铸使用。

7. 工作结束后，关闭电源开关，拔掉插头。

（四）维护保养及注意事项

1. 琼脂搅拌机属电加热设备，注意防止触电和烫伤。

2. 严格按照规范进行操作。

3. 出现故障时，应由专业维修人员进行维修，不得自行拆卸。

4. 设备工作时，加入的琼脂过少会产生糊锅现象，更不允许干烧。

5. 锅内有冻结的固体琼脂时，启动电源开关前，应确保绿色按钮处于解冻状态，否则在搅拌状态强制搅拌，被琼脂冻结的叶片会发生损坏，严重时烧坏电机。为提高解冻速度，不要放入大块的原料，若所需数量较多，开始溶化后，再分次加料，转入正常工作。

6. 每次开机，必须检查上下限温度设定是否正确。

第二节 真空搅拌机

真空搅拌机主要用于搅拌石膏或包埋材料与水的混合物。混合物在真空状态下搅拌可防止产生气泡，使灌注的模型或包埋铸件精确度高。该设备操作简便、控制精准，在整个搅拌过程中可以分阶段提供不同的真空度、转速和旋转方向，搅拌效果好。下面详细介绍真空搅拌机（图3-3）。

图3-3 真空搅拌机

（一）结构与工作原理

1. 结构 主要由真空发生器、搅拌器、料罐固定装置、程序控制模块等部件组成。

（1）真空发生器：多采用压缩空气射流负压发生器，具有体积小、噪音低、负压高等特点。此外，也有采用离心泵或活塞泵组件进行抽真空的机型。

（2）搅拌器：采用变速电机搅拌，在搅拌开始和结束时电机低速工作，有效防止气泡产生。

（3）料罐固定装置：有的采用托架和真空负压来固定料罐；有的需要操作者在搅拌初始手扶料罐，真空度达到一定值时负压吸附。

（4）程序控制模块：采用集成控制电路，用于设定搅拌时间和真空度，并控制搅拌过程。有些新型的搅拌机还可以预先存储多种材料的搅拌程序，操作者直接选定相应的程序即可。

2. 工作原理 接通电源后，程序控制模块开始工作，发出指令启动真空发生器和搅拌电机，产生真空并开始搅拌，达到规定时间后停止。

（二）技术参数

电源电压：220V, 50Hz

功率：≥150W

外接气源压力：0.5～0.75MPa

搅拌速度：560～600r/min

（三）使用方法

1. 打开电源，预设搅拌时间和真空度。

2. 按比例取出所需搅拌的粉和液，在料罐中先注入水，再放粉，预拌15～30秒钟，确保粉完全湿润、均匀。

3. 为料罐安装搅拌刀和密封盖，手托住料罐底部，对应指示线位置连接到搅拌机接口。

4. 先打开真空开关，再打开搅拌电机开关，观察真空压力指示表，达0.04MPa以上时，松开手，搅拌器达到高速转动，搅拌物完全混合。

5. 达到搅拌时间（一般40～60秒钟），设备发出声音提示，搅拌停止，用手托住料罐，待真空压力表归零后取下。

6. 打开密封盖，取用搅拌好的材料。

7. 清洗料罐和搅拌刀。

（四）维护保养及注意事项

1. 料罐内的混合物不宜太满，不超过搅拌缸的2/3或料罐的最高标志线，并且一定要预拌，以防抽真空时干粉或搅拌物进入真空吸管造成堵塞，导致真空功能下降或丧失。

2. 气源压力不得超过0.75MPa。

3. 每次使用后，及时彻底清洗料罐和搅拌刀。

4. 定期检查清洁真空管路过滤丝网。

5. 防止触碰机械转动组件，防止湿手触碰开关电源组件。

（五）常见故障及处理

真空搅拌机常见故障及处理见表3-1。

表3-1 真空搅拌机常见故障及处理

故障现象	可能原因	处理
空气压力指示灯不亮	气源压力过小，小于0.5MPa	调整气源压力
机器无法抽真空	真空连接口内过滤网粘上污物	清洁真空管路、更换滤网
	真空发生器故障	检查维修

第三节 箱型电阻炉

箱型电阻炉又称预热炉或茂福炉，主要用于口腔修复中蜡型去蜡、铸造模型的预热。目前，口腔科常用的电阻炉主要由加热系统、时间控制及温度控制器等组成，温度能在室温至1000℃间进行调节，通过控制加热速度和阶梯保温，最大限度地保证了材料受热均匀。一些新型的电阻炉还采用了程控方式来进一步提升温度控制的精确性。下面详细介绍箱型电阻炉（图3-4，图3-5）。

（一）结构与工作原理

1. 结构 由炉体和控制系统两大部分组成。炉体外壳由钢板制成，表层静电喷漆。炉膛为碳化硅制成的长方体，位于炉体内。炉膛和炉壳间有隔热保温材料填充。发热元件由电阻丝制成螺旋形盘绕在炉内，有上下左右四面加热型、左右上三面加热型，四面加热型受热更均匀。控制系统主要由时间和温度控制器组成，温度传感器为热电偶，传统电阻炉使

图3-4 箱型电阻炉（一）

图3-5 箱型电阻炉（二）

用指针式毫伏计改装的表头来指示温度，新型程控茂福炉以单片机为测控核心，信息数码显示。

2. 工作原理 传统电阻炉接通电源后，预设温度、时间参数，温控器向连接加热元件的继电器发出接通信号，加热元件开始升温，连接温度控制器的热电偶实时测温，指针式表头实时显示温度值，到达设定温度时，温控器向连接加热元件的继电器发送断电信号，加热停止。到达设定时间，电源断开。

一般程控电阻炉主要对升温速度和保温时间两个参数进行控制，并可设定不少于三阶段的阶梯恒温。控制器中可预存储多个为不同材料而设定的工作程序，设备按选定程序自动工作，期间单片机不断地从温度传感器读取数据，并及时向加热控制电路发出指令，调整供给加热电阻丝的电压或控制通断，精确控制升温速度，屏幕显示温度变化曲线。

（二）技术参数

电源：220V，50Hz

功率：2～12kW

最高温度：±1000℃

常用温度：950℃

升温时间：60～150分钟

（三）使用方法

1. 启动电源前，检查电源接头和电源线是否良好；检查炉门封闭性是否良好；检查炉内是否有杂物遗留，确保正常使用。

2. 开启电源开关，检查设备指示灯能否正常显示和加热。

3. 按照要求放入铸件，避免磕碰炉壁，并预留间隙。

4. 关闭炉门，设定参数，按下启动按钮。

5. 升温保温过程中，禁止炉温超过设备规定的最高工作温度。

6. 保温结束，关闭加热电源，打开炉门，用专用工具取出铸件，立即转入铸造工序。

7. 作业结束，查看并清理炉内残留物，关闭总电源。

（四）维护保养及注意事项

1．电阻炉平放在台面上，避免振动。

2．长期停用后再次使用，必须进行烘炉。从200℃至600℃，烘烤4小时。

3．使用时炉温不得超过最高温度，以免烧坏电器元件。

4．禁止炉腔内放置各种液体及溶解的金属。

5．电阻炉和毫伏计的工作环境为无导电尘埃、爆炸性气体和腐蚀性气体的场所，相对湿度不得超过85%。

6．定期检查电阻炉部件连接情况，指针式表头确保无卡针，定期校准。

8．保持炉腔清洁干燥，定期清洁排烟道。

（五）常见故障及处理

新型带有自检功能的程控电阻炉可对故障进行检测，并提示故障原因和处理方法。无自检功能的，要根据操作经验，分析故障现象，判断可能存在的原因，并加以处理。

箱型电阻炉常见故障及处理见表3-2。

表3-2　箱型电阻炉常见故障及处理

故障现象	可能原因	处理
炉腔不热	连接松动	检查并固定接线
	保险丝熔断	更换保险丝
	面板电源开关损坏	更换电源开关
	加热部件烧断	更换加热部件
温控器不显示	热电偶损坏	更换热电偶
	表头损坏	更换表头
	电子元件损坏	更换电子元件

第四节　中熔、高熔铸造机

口腔科铸造机是口腔修复科的必需设备，用于各类活动义齿支架、嵌体、固定义齿的制作，按其铸造原理有蒸汽压力铸造、离心铸造、真空加压铸造等。在铸造过程中熔化合金使用的热源可为汽油空气吹管、乙炔氧气吹管以及高频感应熔化合金，前两者由于有温度的限制，现在使用日渐减少。如今应用最广的是高频感应熔化技术。将高频感应熔化技术和离心铸造技术相结合成的高频感应铸造机，已成为现在铸造设备的主流，随着科学技术的发展，铸造机的功能在不断改进，但基本工作原理类似。

一、普通离心铸造机

离心铸造是利用电动机或发条的强力带动，使旋转机臂高速转动而产生离心力，将熔化的合金注入铸型内，完成铸造的过程。

普通离心铸造机的旋转机臂以旋转轴为中心，一端安放铸圈及坩埚，另一端为平衡侧，可根据铸圈的大小进行调整，使两端平衡。当坩埚内的合金完全熔化，启动旋转机臂，通过机臂的高速转动获得离心力，将液态合金注入铸型内，完成铸造。离心铸造机分为立式和卧式两种，可用于中熔、高熔合金的铸造，离心铸造机结构示意图见图3-6。

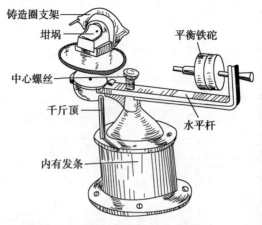

图 3-6　离心铸造机结构示意图

二、高频离心铸造机

高频离心铸造机用于熔化和铸造各种口腔用中、高熔合金,如钴铬合金、镍铬合金,可制备各类义齿支架、嵌体、冠桥等铸件。该机的主要特点是:熔金过程是通过电磁感应在合金内部进行,不会造成被熔合金与碳元素反应而影响其金相结构;无烟、无尘,不污染工作室环境;熔解速度快,氧化残渣少,被熔合金流动性好,铸造成功率较高;配有多用铸模可调托架,适用于各型铸圈,铸造准确性高。高频磁场在一定距离内会潜在影响人体健康,应注意防护。该机按其冷却电子管和感应圈的方式可分为风冷式和水冷式。下面详细介绍高频离心铸造机(图 3-7)。

图 3-7　高频离心铸造机

风冷式高频离心铸造机

采用风机冷却电子管和感应圈。全部熔铸操作自动化,并设有安全保护装置,使用可靠。设有多用熔模可调托架,适用于各类大小铸型,铸造准确率高。

1. 结构与工作原理

（1）结构：主要由高频振荡装置、铸造室及滑台、箱体系统三部分组成，柜式外观，带有脚轮，方便操作、移动及检修。

1）高频振荡装置：包括高压整流电源、电感三点式振荡器。电感回授三点式振荡器由金属陶瓷振荡管和电子元件等组成。

2）铸造室及滑台：包括开关、配重螺母、多用托模架、挡板、调整杆、风管、调整杆紧固螺钉、电极滑块、压紧螺母和定位电极等。

3）箱体系统：包括电源总开关、熔解按钮、铸造按钮、工作停止按钮、电源指示灯、板极电流表、栅极电流表、合金选择按钮、铸造室机盖、观察窗、通风孔及电源线等。

（2）工作原理：基本原理为高频电磁感应加热原理。高频电流是频率为 1.2～2.0MHz 的高频率交变电流，该电流产生高频电磁场，坩埚内的合金受高频电磁场磁力线的切割，产生感应电动势，从而出现一定强度的涡流，高频涡流在合金表面产生短路，将电能转换为热能，使合金发热直至完全熔化，随后通过机臂的高速转动获得离心力，将液态合金注入铸型内，从而完成铸造。

2. 技术参数

电源电压：220V，50Hz

功率：6.5kW

高频振荡频率：1.6±0.2MHz

最大熔金量：钴铬合金 50g

旋转速度：500r/min

铸造臂半径：210mm

铸造电动机功率：0.37kW

3. 使用方法

（1）操作前确保铸造机电源稳定，可靠接地，放置平稳，通风良好。

（2）打开电源开关，指示灯亮，冷却风机工作，预热 5～10 分钟后开始熔铸。

（3）打开顶盖，检查工作线圈冷却风口是否有风吹出，同时将转轴对准定位标志。用专用工具将已加温预热的铸模放在 V 形托架上，调整托架高度，使铸造口对准坩埚的合金出口，并锁定调整装置。调整配重螺母，使旋转臂达到平衡后锁紧。

（4）用工具夹取坩埚，放入备好的合金。

（5）根据所铸合金的熔点和重量，选择适当的熔解档位。一般钴铬合金选 2～3 挡，镍铬合金 2～4 挡，铜合金、金合金、银合金 5～6 挡。

（6）关闭顶盖，启动熔解按钮，熔解指示灯亮，观察栅流表、板流表示数，其比值约为 1：5～1：4。如栅流表、板流表不稳，应停止铸造，检查设备。

（7）通过视窗观察熔解情况，待合金熔化到最佳铸造时机时（融熔铸金崩塌呈现镜面，镜面破裂时为最佳时机），立即按下铸造按钮。铸造指示灯亮，电机启动，旋转臂高速转动，将熔融合金抛入铸模，约 10 秒钟后按停止按钮（铸造时间根据不同熔金要求确定，一般 3～10 秒钟），铸造停止，熔铸完成。

（8）旋转臂停止转动后，开启顶盖，转动旋转臂，对准定位标志，取出铸模，冷却 5～10 分钟后关闭电源。

4. 维护保养及注意事项

（1）使用设备的环境温度为 5～35℃，相对湿度小于 75%。

（2）保持设备清洁和干燥，每次铸造后必须清扫铸造仓，取出残渣。铸造仓内不允许存放工具和杂物。

（3）开机接通电源，先预热 5 分钟，铸造完毕，风机运行冷却 5 分钟。

（4）若需连续铸造，每次应间歇 3～5 分钟，并使转轴对准定位标志，以保证感应圈充分冷却。连续铸造 5 次后，应间歇冷却 10 分钟。

（5）熔解过程中不要拨动熔金选择旋钮，以防发生触电现象。如需更换，应先按停止按钮，档位调整好后，重新按下熔解按钮，再进行熔解铸造。并注意观察熔金的沸点是否出现，不得超温熔解，以防烧穿坩埚。

（6）按停止按钮后，转臂因惯性仍继续转动时，严禁拨动熔金按钮，以防电击损坏设备。

（7）电压要稳定，波动范围在 ±10V 之内，否则会影响合金的熔解。

（8）使用时要注意是否有异常声音和气味，若有，要及时切断电源进行检查。

（9）经常检查指示仪是否有卡针和零位不准现象，按钮、开关及指示灯等部件有无失灵。

（10）每隔 6 个月给风机加注润滑油一次。

5. 常见故障及处理　风冷式高频离心铸造机的常见故障及处理见表 3-3。

表 3-3　风冷式高频离心铸造机的常见故障及处理

故障现象	可能原因	处理
不能熔化金属或熔化时间过长	栅极与板极电流比值不正确	调整耦合度至栅板电流比为 1:5～1:4
滑台工作不正常	滑台内有异物或电机故障	检查清除异物，检修电机
熔金时异常嘶叫声	熔金接触器有大量粉尘	清除粉尘，及时检修
机箱过热	连续铸造、间歇不足或风机故障	合理间歇或维修更换风机
	栅板电流比失调，板极电流超额定值	调整耦合度，限制板极电流
离心转速减慢	离心电动机故障	修理或更换离心电动机
	皮带松脱或打滑	更换皮带
铸造室全机抖振	配重平衡不好或螺母松动	保持配重平衡，拧紧螺母
	脚轮松动或移动	固定脚轮，安放平稳
坩埚溅溶液	坩埚与铸圈未对准	调整坩埚口
	铸型托松动	拧紧托架

三、真空加压铸造机

真空加压铸造机是较离心铸造机更为先进的一种单片机控制的新型金属铸造机，可自动或手动完成金属的熔化压差式铸造，因其熔金速度快，有真空加压及氩气保护，避免了合金成分的氧化，使合金的质量更有保证。同时真空加压铸造机具有自动化程度高，体积小，易操作等特点。

（一）结构与工作原理

1. 结构　由真空装置、氩气装置、铸造装置、箱体系统等组成。柜式外观，底部有脚轮，移动方便。

（1）真空装置：由真空泵、连接管、控制线路等组成。

（2）氩气装置：由氩气瓶、流量和气压表、连接管、控制线路组成。

（3）铸造装置：包括熔解室和铸造室，由电极、开关、托模架、挡板、调整杆、氩气喷嘴、密封圈组成。

（4）箱体系统：由电源开关、编程键、熔解按钮、铸造按钮、工作停止按钮、合金选择钮、铸造观察窗、水箱、通风口、铸造温度及时间显示窗口、地线和电源线组成。

2．工作原理　采用直流电弧加热方式。铸造前，将坩埚和铸圈一起在高温电炉内预热，铸造时，打开电源开关，将铸金放入坩埚内，在真空条件下，通入氩气惰性气体保护，将合金材料直接用直流电弧加热，熔融，将焙烧好的铸圈倒置在坩埚口上并固定，然后由真空炉内的气压和大气压力的差而形成负压，将熔化的合金吸入铸模内铸造。

（二）使用方法

1．操作前准备

（1）安放设备时，铸造机应与周围物体保持间距，以利通风。

（2）检查氩气管进气端与铸造机后部氩气连接器的连接是否良好，以及流量计和压力表是否能正确工作。

（3）锁住脚轮，以防设备滑脱移位。

（4）根据合金种类，选择自动操作或手工操作，通常设备中已设定铸造程序的，可用自动操作，而未设定铸造程序的，则用手工操作。

2．自动操作

（1）接通电源，指示灯亮，按自动键，风冷系统开始工作，开机后预热5～10分钟开始铸造。

（2）选择所用合金对应的铸造程序。

（3）放入焙烧后的铸型，调整好位置，使之平衡。

（4）将坩埚放入坩埚槽内。

（5）把合金放入坩埚底部，并顺时针旋转氩气孔，使其位于坩埚上方。

（6）解开锁片，使铸型固定在支槽片和锁片之间。

（7）迅速关闭铸造室。

（8）启动开始键，程序执行，抽真空，通氩气，合金的熔解、铸造等过程将自动完成，整个过程中数字显示器将显示出铸造过程及合金的实际温度。

（9）当铸造完成后，启动停止键，取出铸型。

3．手工操作

（1）打开电源开关，指示灯亮，选择手工操作模式。

（2）放入铸型，并使其处于平衡状态。

（3）选择坩埚并正确放入坩埚槽内。

（4）准确调好整铸型位置。

（5）顺时针旋转氩气孔，直至该孔对准坩埚，使铸型固定在支槽片和锁片之间。

（6）迅速关闭铸造室。

（7）按熔化键开始抽真空，完成后通入氩气熔化合金，一旦数字显示的温度和操作者观测到的温度达到了铸造温度，此时按保持键，以便保持铸造温度。

（8）按铸造键，开始铸造。

（9）铸造完成按停止键，取出铸型。

（三）维护保养及注意事项

1．每次使用前检查铸造室，清除残渣碎屑，检查真空度和氩气压力，是否符合要求。

2．坩埚内无合金时，禁止开机。

3．当氩气孔未对准坩埚或氩气表无指示时，禁止启动熔金程序。

4．连续铸造时，应每次间隔2～3分钟，使铸造机充分散热。

5．每周检查铸圈的冷却片、带状线缆及其终端。

6．每周用清洁剂擦拭可监视镜头。

7．更换氩气瓶时应注意氩气标志，切勿用错。

（四）常见故障及处理

真空加压铸造机的常见故障及处理见表3-4。

表3-4　真空加压铸造机的常见故障及处理

故障现象	可能原因	处理
真空不良	真空泵故障	检修真空泵
	密封垫损伤或未扣紧	更换或压紧密封垫
	连接管漏气	更换连接管
设备不工作	程序设定错误	重新设定
	铸造室门未关	关门
	电源不通	检查供电电源
熔金时间过长	电路板损坏	更换电路板，重新设定
氩气压力不足	密封垫损伤或未压紧	更换或压紧密封垫
	输入气压不足	检查气源压力
	减压阀故障	检修减压阀
氩气压力过高	高压调压阀故障	检修高压调压阀
坩埚溅熔金	坩埚和铸圈口对位不良或松动	重新对位或固定坩埚

 小知识

金沉积仪

　　金沉积仪又名电镀仪，简称金沉积。该设备利用电解沉积原理，对翻制带有基牙模型的预备体表面进行金元素的化学结构沉积，形成具有一定厚度的口腔科纯金修复体。采用该工艺制成的嵌体、高嵌体、单冠、固定桥、种植体等修复体具有极高的精确性和生物相容性，展示了纯金在修复体制作方面的优势。

四、钛金属铸造机

　　钛金属具有优越的生物相容性、良好的机械性能、耐腐蚀性、密度小、强度高等特点，是理想的口腔修复材料。但钛金属熔点高（1668℃），化学性能活泼，熔化后液体的流动性差等特点增大了其铸造难度，因此须采用特殊的加工方法和操作手段。1995年，我国研发了首台牙科铸钛机，随着铸造技术的不断改进，2002年推出第5代新产品，标志我国在纯钛铸造方面逐渐达到了国际水准,现阶段我国的钛金属铸造技术和产品已比较成熟和完善。下面详细介绍钛金属铸造机(图3-8,图3-9)。

图3-8 钛金属铸造机(一)

图3-9 钛金属铸造机(二)

(一)钛金属铸造机的种类

1.按铸造方式分类 加压铸造式铸钛机、加压吸引式铸钛机、离心式铸造机和三合一铸造机。

2.按熔化金属的热源分类 弧熔解式、高频感应式和电磁悬浮高频波熔解式。

3.按铸造的工作室数目分类 一室铸钛机和二室铸钛机。

4.按制作坩埚的材料分类 铜坩埚、氧化铝陶瓷坩埚和不设坩埚。

(二)各类钛金属铸造机的特点

1.离心式铸钛机 由于钛密度小,在进行离心浇铸时铸造机的离心速度和离心力必须足够大才能保证口腔科铸钛件的完整。一般认为离心速率达3000r/min能够满足口腔科铸造的需要。主要有单纯离心力铸造机、离心力压力铸钛机及三合一铸钛机等。

2.差压式铸钛机 差压方式铸造时,先使熔金室和铸造室形成高真空度,熔化钛时向熔金室内注入惰性气体,铸造室持续抽真空,注入熔化的金属时,因在熔金室和铸造室之间形成压力差和重力作用,熔化的金属由上部熔金室落入下部铸造室的铸模口,被压入充满铸模腔。为了确保铸件质量,常在铸模下方安装吸注装置。此种方法必须使熔金室和铸造室两室间严密隔绝,才能保证压差的形成。

3.加压铸钛机 在较低压力的惰性气体(氩气或氦气)的保护下熔解钛金属,钛熔化后流入铸道口时,再对液体钛加以较高的压力,使液体钛注入铸模腔。此法关键是正确掌握好加压时间。如加压时间过早,高气压提前流入铸模腔内,影响液体钛的注入,造成铸件表面或内部缺陷。加压时间过晚,液体钛会发生早凝,导致铸造失败。

(三)压力、吸引、离心式三合一钛金属铸造机

实践证明,三合一的铸造方式效果较其他方式好,下面以压力、吸引、离心式三合一钛金属铸造机为例进行详细介绍。

1.结构与工作原理

(1)结构:主要由旋转体、动力部分、供电系统、真空系统、氩气系统、电子控制系统等组成。

1）旋转体：内部由熔金室和铸造室构成，两室被隔盘分开，由铸模、坩埚、电极及配重组成。

2）动力部分：包括电动机、飞轮、离合器、定位装置等。

3）供电系统：包括直流逆变电源、电极装置等。

4）真空系统：包括真空泵、高真空截止阀、真空表等。

5）氩气系统：包括减压阀、截止阀、安全阀、压力表等。

6）电子控制系统：包括程序控制器、各种电器元件、数码显示器等。

（2）工作原理：在真空和氩气的保护下，直流电弧对坩埚中的金属加热，使之熔化，在离心力作用下熔融金属充满铸模腔，完成铸造。钛金属和铸圈分别放在熔金室和铸造室内，两室同时抽真空。熔金室内充氩气，铸造室继续抽真空，维持约 5 秒。采用非自耗电极电弧加热的凝壳熔铸法，大电流通过被电离的氩气和钛锭，使钛料熔化。当钛金属全部熔化，瞬时停止充氩气（铸圈内接近真空），电弧未停止离心铸造即开始。飞轮储能释放，旋转体突发性转动，熔化的钛液高速射入铸腔，充满铸模腔内。当钛液进入铸道模腔尚未凝固前，以压力为 0.3MPa 的氩气加压，而铸模腔外部仍在抽气，通过包埋料的透气性吸引钛液，减少腔内的余气和包埋料受热发生的气体，防止铸件发生气泡。

2．技术参数

电源：220V，50Hz

功率：80kW

熔解电流：50～300A

氩气压力：0.3～0.4MPa

最大熔金量：40g

熔解时间：90s

3．使用方法

（1）手动方式

1）打开氩气瓶气阀旋钮，并调整氩气的压力至 0.31MPa。

2）打开电源，包括电压装置、铸造主机电源、真空泵电源。

3）按下启动键，保护窗自动打开，铸造臂旋转至水平位置，照明灯亮。

4）检测真空加压系统：按下真空检测键，真空值会升高至正常。

5）检查铸腔：打开铸腔按下加压检测键，检测到有氩气喷出。检查铸腔的垫圈是否有伤痕，调整旋臂与空腔内边缘之距离为 50cm。

6）确定电流值：根据铸造合金的类别，设定其相应的电流。①贵金属 40～50A；②镍铬合金 100～150A；③钛 280～300A。

7）选择坩埚：根据不同的金属，使用不同的石墨坩埚。

8）调整电极棒至所需位置，固定旋钮。

9）放置铸型：放入专用的钛铸型固定位置，关闭铸造室，并旋紧顶盖旋钮。

10）检查密封性：按下密封检测键，确定其检测灯是否熄灭，如果灯仍亮，再次旋紧顶盖旋钮，直至灯熄灭。

11）按下铸造开始键，保护窗关闭，铸造开始运行，此时熔解灯亮，观察金属熔解状态，当金属熔融达到铸造条件时按下铸造键，按程序开始铸造。

12）铸造结束后，保护窗自动升起，打开铸造室，取出铸型与石墨坩埚。

13）铸造完成后处理：取出铸型后，关闭保护窗，分别关闭氩气压力阀和氩气瓶总阀，关闭铸造机电源。

（2）自动方式

1）放置铸金于熔金室。

2）将相应型号的铸模放入铸造室内。

3）在隔离盖的铸造室一侧放置密封垫圈，并使浇铸口对准铸模。

4）关闭铸造室。

5）调整配重。

6）关闭防护罩。

7）设定相应的熔铸时间和电流，打开氩气开关，使输入氩气压力在 0.3～0.4MPa，一般铸造时间设置在 30～38 秒钟，电流为 250A。

8）启动按钮，抽真空，充氩气，熔铸自动进行，按下述程序自动开始工作：抽吸熔金室、铸造室内的空气，输入低压氩气，自动启弧熔金，熔化钛金属 10 秒钟后，旋转电机开始转动，当熔化钛金属达设定时间后，钛已完全熔化，旋转体与离合器自动咬合，离心臂瞬间以 1300r/min 的速度开始旋转，离心臂开始旋转后，铸钛机内的 PC 机自动切断熔解钛料的电源，电机旋转 10 秒钟后自动断电，旋转体逐渐停转。

9）当其旋转臂停止运行，铸造即完成。

4．维护保养及注意事项

（1）铸造前检查真空度和氩气压力，以防铸造失败或损伤设备。

（2）旋转臂两端应正确配置，保持水平。

（3）连续旋转的时间间隔应按照设定要求操作。

（4）正确控制熔金量，调节好合金熔解时间。

（6）铸造结束，应在真空表和压力表复位后才能开启铸造室。

（7）严禁在未装铸模和密封垫的情况下通入氩气，防止氩气进入真空系统造成损坏。

（8）定期检查氩气管道及真空泵的滤芯是否正常。

（9）真空泵应保持正确油位，检查并及时更换铸造室的耐热密封垫圈，保证正常真空度。

（10）清洁设备，保持过滤器、通气道及旋转槽内清洁无异物，擦拭或更换目视镜。

（11）定期检查传动皮带是否磨损松弛，及时调整或更换。

（12）在定期检查时，必须切断总电源，检查绝缘电阻。

（13）及时调整电弧电极，矫正石墨坩埚的位置。

（14）按时更换铸造室内电极棒的瓷性护套。

（15）注意更换设备规定功率的保险丝。

5．常见故障及处理　钛金属铸造机的常见故障及处理见表3-5。

表3-5　钛金属铸造机的常见故障及处理

故障现象	可能原因	处理
电弧产生不稳定	电极棒尖端呈圆形	调磨其尖端成90°
真空度不够	真空泵滤芯阻塞	更换滤芯
发出异常声音	气路不畅，氩气管扭转或挤压	检查纠正管道

续表

故障现象	可能原因	处理
电弧不能产生	变压装置异常灯亮	确定电压和温度
	不能启动变压装置	确定变压装置是否打开
熔解金属困难	电极距离未达要求	按标准检测调整电极距离
	与坩埚电极接触不良	调整其安放位置
	氩气量过少	加大流量或更换氩气瓶
旋转臂有异常音	旋转槽有异物	清除异物
	未调整平衡臂	调整其平衡臂至标准状态
铸腔密封键灯亮	铸腔密封不良	调整密封状态,更换垫圈
	铸圈底面不平	包埋时去底面
变压装置异常灯亮	电压不稳或温度过高	稳定电压10分钟后再试

(四)常用钛金属铸造机的操作方法

1. 操作步骤

(1)开启电源,预热3~5分钟。打开惰性气体的阀门,从电阻炉中取出铸型,进行称量后放入铸造室内,调整其至适当的位置。

(2)在熔金室的坩埚内放入适量的钛金属,调整钨电极与其间距,以获得最佳弧熔距离。

(3)将密封圈放置在熔金室与铸造板之间的隔离板上。

(4)关闭熔金室与铸造室之间的锁紧装置,旋紧铸造室的铸型紧固旋钮,使铸型与隔离板紧密接触,形成各自封闭的熔金室和铸造室。

(5)调整铸造室旋转臂的平衡砝码,使旋转臂两端达到平衡。

(6)根据钛金属的重量,在调节器上调整好熔金时间,即可按自动熔金按钮,程序开始工作,当使用自动程序工作时,Ⅰ、Ⅱ、Ⅲ、Ⅳ信号灯,依次显示抽真空、通氩气、熔融、铸造四个过程。

(7)当离心臂停止转动后,打开铸造机门,旋松铸型紧固旋钮,打开熔金室与铸造室之间的锁紧装置,取出铸型,立即放入冷水中骤冷。

(8)用镊子取出存留在铸造室坩埚内的残余钛料,整个铸造工作即告完成。

2. 注意事项

(1)检查钨电极,使电极的尖端随时处于尖锐状态,以利引弧。

(2)注意调整好平衡配重。

(3)机器在工作时应注意观察以下指标:①真空度:≥-0.095MPa;②惰性气体的压力:熔化合金时0.08~0.1MPa,铸造时0.3~0.4MPa;③电弧是否正常,电流应控制在230~250A。

(4)禁止在未放置铸型及密封垫的情况下输入氩气,以免冲坏真空表。

(5)禁止在旋转臂未停止转动前重复启动引弧装置、打开防护罩。

(6)禁止超时熔化合金。

(7)每次铸造间隔时间为5~10分钟。

(8)铸造后应及时取出铸模和残留物,清理熔金室。

第五节 喷 砂 机

喷砂机又称喷砂抛光机,其利用高速压缩空气将砂粒喷射到口腔科修复体铸件表面,实现清除残留物、打磨抛光的目的。常用喷砂颗粒为锐角状金刚砂和球状玻璃体。根据喷砂方式不同分为以下三种:

1. 手动喷砂机(图3-10) 喷嘴固定在机箱内,手持铸件在喷嘴下进行抛光。

2. 自动喷砂机 将铸件放入转篮中,转篮自动旋转的同时对铸件进行喷砂抛光。

3. 笔式喷砂机(图3-11) 用于烤瓷修复体。分为双笔式和四笔式,喷头有0.5mm、0.8mm、1.3mm等多种内径,砂束集中,适合对细微部位进行处理,可清除表面氧化物及杂物,同时还可用玻璃珠对树脂基托表面进行抛光处理。

图3-10 手动喷砂机

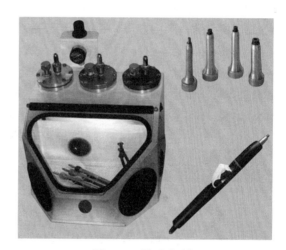

图3-11 笔式喷砂机

(一)结构与工作原理

1. 结构 由滤清器、调压阀、电磁阀、压力表、喷嘴、吸砂管和定时器等部件组成。整机外形为箱体结构,工作仓与外界呈密封状态,可防止粉尘外溢,排气口设有过滤袋,以洁净空气。箱体正面有观察视窗,工作仓内有照明灯、喷嘴和吸砂管等。喷嘴采用高硬耐磨材料制成(硬质合金钢或陶瓷材料等),根据粒度的大小,可选用不同的喷嘴进行喷砂操作。自动喷砂抛光机还包括转篮和自动旋转系统。

2. 工作原理 以压缩空气为动力,经滤清器过滤,调压阀调定喷砂压力,接通电源,电磁阀打开,压缩空气带动砂粒从喷嘴射出,对铸件表面进行抛光。

(二)技术参数

电源电压:220V,50Hz

功率:50W

气源压力:0.6~0.8MPa

喷砂压力:0.4~0.7MPa

（三）使用方法

1. 接通电源和气源。

2. 将粒度为80目左右的金刚砂适量装入工作仓。

3. 根据铸件的材质、厚度等调整喷砂压力，最大不得超过0.7MPa。压力过大，易打穿金属基底冠；压力过小，起不到打磨抛光作用。

4. 放入铸件，启动喷砂开关（手控或脚控）。若用自动型则放入转篮，关闭密封机盖。若用手动型先将右手从套袖口伸入箱内，将铸件从机盖处传给左手，密封机盖，启动工作开关，将铸件对着喷嘴，从不同角度抛光铸件表面，在喷砂打磨中，要经常改变方向和部位，防止局部喷砂过多而变薄。笔式喷砂型则选取喷笔，踩下脚控制开关，对准铸件进行操作。近年来出现的多头自动喷砂能够从多个角度进行喷砂，铸件和喷头均可转动，喷砂的自动化程度更高，效果较好。另外，液体喷砂技术也在迅速发展。

5. 操作结束，取出铸件，关闭电源。

（四）维护保养及注意事项

1. 砂粒应保持干燥和清洁，定期更换新砂，以防堵住吸管或喷嘴，确保喷砂效果。

2. 常用喷嘴内径为3.5mm，长期使用会磨损扩大，造成喷砂无力，应及时更换。

3. 定期清洁滤清器和过滤袋。

4. 定期更换密封件，防止砂尘外溢。

5. 当观察视窗玻璃被砂打模糊后，应及时更换，保证有良好的观察效果。

6. 定期保养空气压缩机，保证喷砂抛光机有正常的气源提供。

7. 将箱体下方的密封螺母旋开，放出金刚砂，然后旋紧螺母，从箱体上面放入新砂。

（五）常见故障及处理

喷砂机常见故障及处理见表3-6。

表3-6　喷砂机常见故障及处理

故障现象	可能原因	处理
不能喷砂	吸砂管不在砂内	调整吸砂管位置
	喷砂管或气管堵塞	疏通管道
喷砂无力	喷嘴变形	更换喷嘴
	砂粒出现粉尘	更换新砂
	气源压力不足	调整气源压力
漏气	气管连接头松动	检查拧紧
	调压阀故障	检修调压阀

第六节　超声波清洗机

超声波清洗机是利用超声频率振荡对口腔修复体表面进行清洗，广泛适用于烤瓷、烤塑金属冠等几何形状复杂且高精密度铸造件的清洗，可快速去除工件表面及内部细微的污垢，清洗效果好。随着电子技术的发展，早期结构复杂的磁伸缩式换能器，逐步被简单精巧的压电晶体换能器和集成电路所取代，超声波清洗机也变得轻便且操作简单。下面详细介绍超声波清洗机（图3-12）。

（一）结构与工作原理

1. 结构　超声波清洗机外部结构主要由清洗槽和箱体组成，箱体上安装水槽和控制面板，箱体内主要有电源及控制电路、换能器等工作部件。清洗槽由不锈钢制成，换能器固定在清洗槽底部（通常压电晶体式，可安装多个）。电源及控制电路主要由电源变压器、整流电路、高频振荡及功率放大电路、换能器、定时器等组成。

2. 工作原理　超声波清洗机的主要工作原理为 220V 交流电经过电源适配后以转化为低压直流电供给高频振荡电路，高频振荡电路产生大于 20kHz（超声频率）的高频电脉冲，经功率放大后输出给换能器，换能器将放大后的高频电信号转化为高频机械振动（超声波），并通过水槽传递到清洗液中。超声波在清洗液中辐射，加速液体流动而产生大量微小气泡，气泡在超声波纵向传播的负压区形成、生长，而在正压区迅速闭合，这一过程被称为超声波的空

图3-12　超声波清洗机

化作用。当气泡闭合时可产生巨大的瞬间压力，不断地冲击浸没在液体中的工件表面，使物件的表面及缝隙中的污垢剥脱，辅以清洗液的清洁作用，有效达到工件表面净化目的。

（二）技术参数

电源电压：220V，50Hz

功率：80W

时间设定：1～15min

超声波频率：30kHz

加热温度：30～80℃

清洗槽容积：2L

（三）使用方法

1. 确保电源断开和排液阀关闭，在清洗槽内加入清洗液（或水）至预定水位线。注意烤瓷冠要先用蒸汽压力清洗，然后置入一小玻璃皿内，加入无水酒精，放入超声清洗机内 1～2 分钟。贵金属先用氢氟酸或 30% 盐酸清洗，后用中和液中和，再用蒸馏水超声清洗。

2. 接通电源。

3. 设定清洗时间（一般不超过 6 分钟，以防换能器温度过高损坏）。带加热功能的另设定清洗温度（一般 50～60℃为宜）。

4. 按清洗开关，启动清洗过程。

5. 定时结束，自动停机。再次启动清洗机，应停机一段时间后进行，以便换能器有足够时间降温。

（四）维护保养及注意事项

1. 加入清洗液不宜过满，一般达清洗槽的 2/3 处即可。

2. 设备用毕应将清洗液倒出，并清洁机器，腐蚀性清洗液更应及时清理。

3. 保持设备清洁，设备应放在通风干燥处保存。若长期不用，应 1～2 个月通电一次。

4. 设备外壳必须有良好的接地，保养前应切断电源。

5. 严禁在未注入清洗液状态下启动清洗开关及加热开关（带有保护功能的新型超声波

清洗机在未注入清洗液前无法启动）。

6. 按工件清洗要求，选择设备支持的清洗液，严禁使用易燃清洗液。为优化清洗效果，被清洗工件可用金属软钢丝篮盛载。

（五）常见故障及处理

超声波清洗机常见故障及处理见表3-7。

表3-7 超声波清洗机常见故障及处理

故障现象	可能原因	处理
无振动，清洗效果不佳	换能器损坏	更换换能器
	电源电路损坏	更换电路板
	定时器不启动	更换定时器
有振动，清洗效果不佳	清洗液浓度降低	更换清洗液
	功率放大电路损坏	更换电路板

第七节 烤瓷炉

烤瓷炉是制作烤瓷修复体的设备，主要用于烤瓷牙用瓷体，包括金属烤瓷和瓷坯烤瓷。常用烤瓷炉依据外形不同分为卧式和立式两类，立式应用较广。目前，烤瓷炉大多具有真空功能，因此又称真空烤瓷炉。下面详细介绍真空烤瓷炉（图3-13）。

图3-13 真空烤瓷炉

（一）结构与工作原理

1. 结构 主要由炉膛、产热装置、真空泵、运动机构、控制电路和操作面板组成。

（1）炉膛：根据烤瓷炉的设计不同分为垂直型和水平型，是瓷体烧结的场所。分为膛体和炉台两部分，其间以密封圈实现密封，材质多为石英。

（2）产热装置：多采用铂丝作为产热体，也可用镍铬合金丝或铁铬铝合金丝作为产热体。

（3）真空泵：用于充分排出炉膛内的空气，保持炉内的真空度，外接气源型真空泵在机壳上有气源接口。

（4）运动机构：炉台（或腔体）升降电机及其传动机构。

（5）控制电路：以单片机为核心的传感控制电路，用于测控炉膛内的恒定温度、升温速度、真空度、炉台状态等数据。

（6）操作面板：操控面板有按键和显示屏。显示屏一般可显示程序编号、程序进度、预设温度、实际温度、预设真空度、实际真空度及烤瓷进程各阶段的时间信息，带有自检功能的机型还可在屏幕上标示故障位置信息。按键可分为数据键和功能键，数据键为0～9数字，主要配合功能键输入程序编号或修改程序预定参数，如温度、时间和真空度等。功能键主要包括升降、启动、中断和修改程序等按键。

2. 工作原理　不同烤瓷炉的结构和程序设计有差异，但均采用单片机程序控制，操作简单、功能完善。单片机根据操作者选定的程序执行动作，在整个工作过程中，单片机不断地从传感器获取信息，对加热、真空和炉台状态进行实时测量和控制，屏幕实时显示炉膛内的温度和真空度等状态信息。新型烤瓷炉预设程序可达上百个，并可外接插卡增建程序以满足不同烤瓷过程的需要。程序中预定的内容，如升温速度、最终温度、真空度等可根据实际需要由操作面板按键进行更改。

（二）技术参数

电源电压：220V，50Hz

功率：±1200W

最高温度：1200℃

最高升温速度：约200℃/min

排气量：>40L/min

真空度：10kPa

（三）使用方法

1. 开启电源开关，观察开关指示灯是否正常。

2. 程序的修改设置。不同品牌、型号的烤瓷炉修改设置程序的方法有差别，操作前应详细阅读设备使用说明书。一般方法是，首先明确烤瓷工作曲线，即根据烤瓷需要，确定升温速度、保温时间、真空度等参数，然后调出所要更改的程序，选择所要更改的内容，利用数据键更改此内容，最后存储。

3. 根据烤瓷的需要，调出所需程序或修改设置完成的程序，使设备待机。

4. 升降键打开炉膛，用专用工具将待烤工件放至于炉台耐火盘上。为使烧烤的瓷体受热均匀，工件应环形放置，瓷面向外。长桥修复体，要添加支撑，以防高温下桥体自重带来形变。

5. 按启动键，程序执行，使烤瓷进程开始。

6. 程序运行完成，炉膛打开，烤瓷进程结束，关闭总电源。

（四）维护保养及注意事项

1. 认真阅读说明书，正确安放烤瓷炉，保证相关连接的正确性。

2. 保持烤瓷炉清洁，炉膛密封圈附近不能有砂粒，否则会影响密封度。

3. 定期清洁真空泵的过滤装置。

4. 烤瓷炉的升降机构如出现运转噪声大，可以加少许润滑油。

5. 烤瓷工件在烤瓷过程中应避免瓷与炉膛内壁接触,以防局部高温造成熔化粘连。

6. 新型烤瓷炉有炉内温度和真空度自检功能,必要时请专业人员校正。

7. 当多雨或空气潮湿时,使用前要先预热烘干,以免影响真空度。

(五)常见故障及处理

发现设备工作异常,应及时切断电源。有自检功能的机型可根据故障提示信息对功能模块进行简单排查,精密设备切勿自行拆解。烤瓷炉常见故障及处理见表3-8。

表3-8 烤瓷炉常见故障及处理

故障现象	可能原因	处理
烤瓷炉不通电	保险管熔断	更换同规格保险管
	电源线断裂及插头损坏	更换同规格新产品
	电源开关损坏	修理或更换电源开关
真空系统故障	密封圈变形或有异物堵塞	清除异物或更换密封圈
升降时噪声较大	升降传动系统缺润滑油	加注适量润滑油

 小知识

全瓷玻璃渗透炉

全瓷玻璃渗透炉主要用于全瓷坯体的烧结及玻璃料的渗透。该机铸造的玻璃陶瓷修复体,具有牙体密合度好,硬度、透明度、折光率与釉质类似的优点,达到了全瓷修复体在物理学和美学上的要求。常用的全瓷玻璃渗透材料有:渗透尖晶石、渗透氧化铝和渗透氧化锆等。可用于制作冠、嵌体和瓷贴面等。

 小结

本章主要介绍了烤瓷铸造工艺流程中常用的琼脂溶化器、真空搅拌机、箱型电阻炉、铸造机、喷砂机、超声波清洗机和烤瓷炉等设备,通过对设备功用、结构与工作原理、使用方法、维护保养及注意事项、简单故障分析与处理等方面的详细叙述,为学生了解铸造烤瓷设备的性能特点,正确、熟练地使用和维护设备提供了方法指南,特别是一些关于设备的注意事项,在学习时应加以重视。烤瓷铸造是口腔修复制作工艺环节的重要组成部分,掌握并学会运用该类设备是口腔修复工艺专业学生应具备的基本技能。

(王 琦)

 练习题

1. 铸造烤瓷技术的发展方向是什么?常用铸造烤瓷设备有哪些?
2. 简述真空搅拌机的组成结构。
3. 简述箱形电阻炉的结构与工作原理。

4. 简述风冷式高频离心铸造机的组成结构。

5. 喷砂机喷砂无力故障的可能原因及处理方法有哪些？

6. 简述超声波清洗机的主要工作原理。

第四章 其他口腔工艺设备

学习目标

1. 掌握：隐形义齿设备、平行观测研磨仪的操作常规。
2. 熟悉：多功能技工台的结构及各部件的功能；口腔科种钉机的注意事项；口腔科吸塑成形机的应用领域。
3. 了解：技工振荡器、激光点焊机的工作原理；CAD/CAM 系统、口腔科 3D 打印机的基本组成及工作原理。

第一节 口腔多功能技工台

一、设备介绍

口腔多功能技工台是专供口腔修复工制作各类修复体的工作桌。根据工作需要，将工作台、照明系统、储物柜（屉）、吸尘系统、废物屉、空气枪、微型打磨机等部件有机结合成为一体，为技工提供舒适、便利的工作环境。

二、结构与工作原理

技工台一般由桌体、照明系统、肘托、吸尘系统、空气枪、储物抽屉、废物抽屉、电源插座等部件构成（图 4-1）。

1. 桌体 是技工台的主要框架，由金属冷轧薄板和高密度防火板面构成，其中紧挨技工座椅的桌体台面为修复工的主要工作区域，此处易污损，因此厂家一般会选用耐磨、易清洁的材料，如不锈钢、大理石等加以单独覆盖。

2. 照明系统 位于台面正上方或一侧，用于操作中的照明，一般由灯管（或灯泡）、伸缩支持臂（或固定灯架）及电源开关组成，支持臂在一定范围内可以伸缩、偏转，以此调整灯光投照的位置和角度。固定灯架则无此功能。

图 4-1 口腔多功能技工台

3. 肘托 一般成对，可拆卸，多为木制，用于技工操作时放置双手、腕关节及双侧前臂。

4. 吸尘系统 主要用于吸除打磨过程中所产生的粉尘，一般由吸尘口、吸尘管道、吸尘器（含吸尘袋或滤芯）构成。吸尘口位于桌体台面的正前方，两侧肘托之间，其表面封以金属网，以利于吸尘，同时也可防止打磨件误入吸尘系统。另有一块透明的挡尘板置于吸尘口的上方，可拆卸，易清洁，此装置可避免打磨时产生的碎屑、粉尘伤及操作者。吸尘器是吸尘系统的心脏部分，其内装有电动抽风机，转动时可产生极强的吸力和压力，可使吸尘器内部形成瞬时真空状态，此时与外界大气压形成负压差，压差可帮助吸入含粉尘的空气，依次通过吸尘管道进入滤尘袋。桌体上有控制面板可调节吸尘器的吸力。吸尘器开关一般设计为三种形式：即面板手动控制、膝控开关控制和联动开关控制。所谓联动开关控制指的是吸尘器和微型打磨机之间形成电联动开关，吸尘器随着打磨机运转而自动启动吸尘，而当打磨机停止工作数秒后吸尘器也自动停止吸尘。

5. 废物抽屉 较浅，位于吸尘口的下方，主要用来收集打磨过程中所产生的废弃物，可取下清洁。

6. 储物抽屉 位于桌体的侧方，其大小、深度及分隔形式根据需要可有不同方式的设计。

7. 空气枪 笔式，位于桌体侧方，其连接的管线具有伸缩功能，主要功能为喷出压缩空气以清理打磨过程中产生的粉尘、碎屑。

8. 电源插座 嵌于桌体内，多为二孔或三孔插座，用于其他技工设备的用电。

9. 微型电动打磨机 属选配件。有两种配备形式，一种是将台式微型技工打磨机置于技工桌台面上，连接桌面上的电源插座即可使用；另一种是将微型打磨机隐藏于桌体内，打磨手机与打磨机利用从桌体内伸出的伸缩线连接，伸缩线可调节长度。此种配置一般采用手动、脚踏或膝控开关。打磨机与吸尘系统间多装备成联动开关式。

10. 煤气管及喷嘴 为现代多功能技工台的选配件。煤气喷嘴置于桌体表面，通过桌面开孔与埋在桌体内的煤气管道连接。煤气可代替酒精灯用于制作蜡型。

三、操作与维护保养

（一）操作

1. 接通电源。

2. 安装或卸下肘托。

3. 安装或卸下吸尘系统接口网、挡尘板。

4. 打开电源总开关。

5. 打开吸尘器开关，设定工作模式及功率大小。

6. 打开打磨机开关，调控速度或方向按钮或旋钮。调整手机连线长度并固定。

7. 打开照明灯，调节光线投射位置和角度。

8. 空气枪多由有弹性的橡胶类材料所制成。当轻压之使其稍稍变形时，气枪内部的阀门被打开，则有压缩空气溢出。

9. 打开煤气开关及调节气量大小。

10. 使用完毕后，依次关闭煤气阀、打磨机开关、吸尘器开关、照明灯及电源总开关。

（二）维护保养

1. 及时清理废物抽屉，保持桌面的清洁。

2. 定期清理吸尘袋、滤芯，定期检修吸尘器，以保持吸尘系统通畅。注意为防止将吸尘袋的微孔堵塞,勿将湿润的粉尘吸入,导致黏附在滤芯叶片上而难以去除。

3. 照明灯的伸缩臂不要调节的过低,以免碰撞影响操作。

4. 注意勿用暴力拖拉、按压空气枪,以免将连线拉断。

5. 微型打磨手机连线长度调节合适后应固定牢固,使用完毕应将手机搁置于手机座上,以防止手机跌落。

6. 注意每天使用煤气后应及时关闭开关及总阀,并定期检修管线。

四、常见故障及处理

口腔多功能技工台的常见故障及处理见表4-1。

表4-1 口腔多功能技工台的常见故障及处理

故障现象	可能原因	处理
电源已通,机器不工作	电源未接通	检查供电电源
	保险丝熔断	找出熔断原因并修理后,更换同规格保险丝
	电源插头接触不良	检查线路、插座、插头,排除原因后再插紧插头
	电源总开关未打开	打开电源总开关
吸尘器不工作	吸尘器电开关未打开	打开吸尘器电开关
	吸尘器的继电器损坏	更换继电器
吸尘器吸力不足	吸尘袋中灰尘过多	清理吸尘袋
	吸尘袋损坏	更换吸尘袋
	滤芯损坏	更换滤芯
微型打磨机手机不工作	手机电开关未打开	打开手机电开关
	联动的吸尘器电开关未打开	打开吸尘器电开关
	手机损坏	检修或更换手机
照明灯不亮或亮度不够	灯泡老化或损坏	更换灯泡
	保险丝熔断	更换同规格的保险丝
空气枪不工作	未接通压缩空气	接通压缩空气

第二节 焊接设备

焊接是两种或两种以上同种或异种材料通过原子或分子之间的结合和扩散连接成一体的工艺过程。传统的焊接方法如金焊、银焊等需借助助焊剂来完成。这类焊接具有加热时间长、变形大、易氧化、焊点薄弱、操作繁杂等缺点,难以满足现代口腔修复的要求。目前,工业上涌现出一系列高新焊接技术,如激光焊、氩弧焊、等离子弧焊、真空电子焊等,并已被引入口腔修复学领域。口腔科焊接机常用的有口腔科点焊机和激光焊接机两种。

一、口腔科点焊机

(一)设备介绍

口腔科点焊机是用于焊接金属材料的一种设备,主要用来焊接各类义齿支架、固定桥金属件和各类矫治器。焊接对象为直径0.2～1.2mm的不锈钢丝及厚度0.08～0.20mm的不锈钢箔片，是口腔修复科、正畸科技工室的必备设备。

（二）结构与工作原理

1. 结构 点焊机外观呈箱体型，箱体外表面有控制面板、活动按板、点焊电极和电极座。箱内为焊接电路，焊接电路主要由可控硅调压器、储能电容、输出变压器及电子电路组成（图4-2）。

图4-2 口腔科点焊机

（1）控制面板：主要由电源开关、电压调节旋钮、电压表、焊接按钮、脚控开关等组成。其中电源开关用于控制设备电源的通断，电压调节旋钮用来调整焊接电压，而电压表则可以显示所调的电压值。另外焊接按钮和脚控开关则是点焊机开始对焊件进行焊接的启动开关。

（2）活动按板：用于装夹被焊件的调节板。

（3）电极：又称电极棒，两个电极组成一对电极组，分别接入两个电极座上。点焊机通常有四对电极，以满足不同焊件的需要，如对电极有特殊要求也可自制。

（4）电极座：用于安装和调整电极的角度，两组电极座互相垂直，并可以在水平方向和垂直方向自由旋转定位。在电极座的连杆上有调节螺母，用以调整电极与焊件的距离和机械压力。

2. 工作原理 点焊属于电阻焊一类，即焊件组合后通过电极施加压力，利用电流通过接头的接触面及邻近区域产生的电阻热进行焊接的方法。工作时先调整电极座，使两个电极加压工件，两层金属在两电极的压力下形成一定的接触电阻，而焊接电流从一电极流经另一电极时在两接触电阻点形成瞬间的热熔接，熔化局部表面金属后断电，冷却凝固，形成焊点，去除压力，焊接完成。

（三）操作与维护保养

1. 操作

（1）将设备置于平稳干燥的工作台上，检查电源是否严格接地，电源电压应符合设备要求。

（2）检查电极是否完好，如有氧化现象，可用细砂纸将其磨光，以保证焊接时接触良好。

（3）打开电源开关，调节焊接电压。

（4）按下活动按板，将焊件放入两电极间，焊点与上下电极接触，缓慢松开活动按板，使上下电极压紧工件，调整电极对焊件的压力。

（5）按下焊接按钮或踩下脚控开关，开始焊接。当电压表上的数值降至"0"时，焊接完成。

（6）取下焊件，断开电源，将电极转至非定位位置。

2．维护保养

（1）应经常保持设备清洁。

（2）停止使用时必须断开电源，并将电极转至非定位位置，以免损坏电极。

（3）检修设备前应先将储能电容放电，以免触电。

（四）常见故障及处理

口腔科点焊机的常见故障及其处理见表4-2。

表4-2　口腔科点焊机的常见故障及处理

故障现象	可能原因	处理
接通电源，指示灯不亮	保险丝熔断	找出熔断原因，更换同规格的保险丝
	电源插头接触不良	排查原因，插紧插头
	指示灯灯泡已损坏	更换指示灯灯泡
接通电源，点焊机不工作	焊接按钮接触不良	用砂纸打磨触点或更换按钮
	脚控开关接触不良	用砂纸打磨触点或更换脚控开关
	储能电容或电子电器元器件损坏	更换电容或同规格元器件
	输出部分短路，上下两电极接触处氧化	检查线路并接牢，或用砂纸打磨接触处，除去氧化层

二、激光焊接机

（一）设备介绍

激光焊接是指利用高能量的激光脉冲对材料进行微小区域内的局部加热，辐射的能量通过热传导向材料内部扩散，将材料熔化后形成特定熔池以达到焊接的目的。它属于熔化焊接，系无焊接剂焊接。此焊接方式具有焊缝宽度小、变形小、焊接速度快、焊缝平整美观、质量高、无气孔、定位精度高、无过多的焊后处理等特点。于1970年被Gordent引入牙科领域，是现代口腔制作室的必备设备之一，主要适用于贵金属、非贵金属及钛合金间的焊接。常用于固定义齿的固位体与桥体间的焊接、可摘局部义齿各金属部件之间的焊接、整铸支架的修补、精密附着体焊接以及铸造缺陷的修补等，可提高固定义齿的适合性。

（二）结构与工作原理

1．结构　口腔科激光焊接机主要由脉冲激光电源、激光器、工作室以及控制显示系统等四部分组成（图4-3）。

（1）脉冲激光电源：主要为氪灯、氙灯和激光器提供电源，具有单一或连续脉冲两种形式，常用的最大脉冲能量为40~50J，脉冲宽度为0.5~20ms。适用于需要较大功率输出的激光设备。

（2）激光器：由激光棒（工作物质）、光泵光源（激励能源）、光学谐振腔和冷却系统四部分组成。

1）激光棒：指能够受激产生辐射的材料，是以钇铝石榴石晶体为基质的一种固体，也称 YAG 晶体。晶体棒质量的好坏将影响激光器输出能量的大小。常用的晶体棒为 Nd:YAG 晶体，波长为 1064nm（红外区），属于四能级系统，量子效率高，受激辐射面积大，并具有优良的热学性能，它是在室温下能够连续工作的唯一固体工作物质，是目前综合性能最为优异的激光晶体。

2）光学谐振腔：指光子可在其中来回振荡的光学腔体，是激光器的必要组成部分，通常由两块与工作介质轴线垂直的平面或凹球面反射镜组成。谐振腔可控制输出激光束的形式和能量。

3）光泵光源：指利用外界光源发出的光来辐照工作物质，以此给工作物质提供能量，将原子由低能级激发到高能级。目前最常用的光泵光源为脉冲氪灯。当氪灯放电时，绝大部分电能转变成光辐射能，一部分电能变成热能。

图 4-3 激光焊接机

4）冷却系统：多采用封闭循环水冷系统，循环的热量通过制冷机带走，最终通过风扇将热量排入大气中，从而降低光源和谐振腔内的温度。

（3）工作室：由固定架、放大目视镜、激光发射头、真空排气系统、氪气保护装置等构成。

（4）控制和显示系统：可选择并显示焊接面焦点直径和脉冲时间以及合金种类，也可自行编程。在焊接过程中，工作状况和各种信息均可在此显示。

2．工作原理　激光焊接机利用高能脉冲激光对工件实施焊接，它以脉冲氪灯作为光泵光源，以 YAG 晶体棒作为产生激光的工作物质。激光电源首先将脉冲氪灯预燃，通过激光电源对脉冲氪灯放电，使氪灯产生一定频率和脉宽的光波，光波经聚光腔照射 YAG 激光晶体，从而激发 YAG 激光晶体产生激光，再经过谐振腔后产生波长为 1064nm 的脉冲激光。该激光在导光系统和控制系统作用下，经过扩束、反射、聚焦后辐射至工件表面，使工件合金局部熔融产生焊接。

（三）操作及维护保养

1．操作

（1）操作前应检查电源、水源及氪气瓶含量。

（2）接通水源和电源，调节工作电压。

（3）调整激光头，并且调整氪气吹入喷嘴与焊接区的距离在 1.5～2.0mm，气流 8L/min。

（4）根据焊接合金种类选择预编程序，或人工选择诸如焦点直径、脉冲时间等焊接参数。

（5）将焊接物放入工作室并固定，关闭工作室，通过光学观测装置观测，按下开始键，直视下焊接。

（6）焊接结束后，依次关闭电源、水源和氪气瓶。

2．维护保养

（1）仪器电源应严格接地，电源功率不得超过机器允许的额定功率。检修设备时，应先断开电源。

（2）焊接过程中不要打开机箱，以免触电发生意外。

（3）定期检查封闭循环水冷却系统或真空排气系统工作是否正常。冷却水为去离子水或蒸馏水,每月更换 1 次。

(4)每次使用后应清洁工作室。

(5)保持直视放大镜的清洁,使用专用镜头纸擦拭。

(6)若设备无自动护眼装置则应配戴激光防护镜,以防激光束射入眼睛,造成永久性失明。

(四)常见故障及处理

激光焊接机的常见故障及处理见表 4-3。

表 4-3 激光焊接机的常见故障及处理

故障现象	可能原因	处理
接通电源,机器不工作	保险丝熔断	找出熔断原因,更换同规格的保险丝
	电源插头接触不良	排查原因,插紧插头
	电源未接通	检查供电电源
冷却水过热	水量不足	加水
	工作间隔时间不足	按照正确间隔时间焊接
焊接深度不足	激光晶体损坏	更换激光晶体
	焦点改变	调整相应的激光器元件
真空泵不工作	管道及其接口漏气	检修管道及其接口
	真空泵电源未接通	检测供电电源、插头等
	真空泵故障	维修或更换真空泵

第三节 技工振荡器

一、设备介绍

技工振荡器是口腔科技工室不可缺少的一种技工设备,主要用来灌注石膏、琼脂、复制模型。它利用机械振荡,排出灌模材料和包埋材料内部的气泡,增加其在印模或铸圈内的流动性,以获得性能良好、表面光滑的模型。此设备具有操作简单、平稳可靠、使用寿命长、故障率低等特点。根据产生振动的原理,振荡器有电磁振荡式和偏心凸轮振荡式两种。

二、结构与工作原理

(一)结构

技工振荡器由底座和振荡源构成(图 4-4)。

1. **底座** 外观呈箱形,多为金属材质。用于容纳所有产生振荡的部件,底座的水平向界面较大,以保持工作时的稳定。底座分为控制面板和振荡台两部分。

(1)控制面板:位于底座正前方或一侧,包括电源开关、振荡频率/幅度调节旋钮等。振荡调节旋钮用于选择、调控振荡频率,它可以是有级调节,也可以是无级调节,可根据材料的流动性选择。

(2)振荡台:底座的正上方,多为橡胶材质。用于放置阴模、铸圈等,并将振荡运动传递至阴模、铸圈。此台面可拆卸,便于清洁。

图 4-4 技工振荡器

2. 振荡源 位于底座内部，是产生振荡的主要部件。根据振荡器的类型不同，振荡源一般有电磁铁和电机带动的偏心凸轮两种。

（二）工作原理

电磁振荡式技工振荡器是利用电磁铁，将电能转变为机械能。电磁铁由线圈与铁芯组成，当线圈通电时，铁芯产生磁力，将振动台顶开，当线圈断电后，磁力消失，振动台回至原位。偏心凸轮式技工振荡器的工作原理是利用偏心轮各个方向的半径不同，当电动机驱使它转动时，转动半径的不同使振动台产生振动。

三、操作与维护保养

（一）操作

1. 将振荡器置于稳固的台面上。
2. 根据使用目的和材料设定振荡频率。
3. 接通电源，打开电源开关，操作开始。
4. 操作完毕关闭电源开关，拔掉电源插头，并清洁振荡器。

（二）维护保养

1. 电源必须严格接地。
2. 忌用暴力调节振荡频率按钮。
3. 使用时防止液体及未凝固的石膏进入底座。
4. 注意保持机器清洁，清洁时切记断开电源。

四、常见故障及处理

技工振荡器的常见故障及处理见表 4-4。

表 4-4 技工振荡器的常见故障及处理

故障现象	可能原因	处理
接通电源，机器不工作	保险丝熔断	找出原因且修理后，更换同规格保险丝
	电源插头接触不良	排查原因，插紧插头
	电源未接通	检查供电电源
	继电器损坏	更换继电器
	振荡台与下方主机间有硬固的石膏	清理石膏残渣

第四节 口腔科种钉机

一、设备介绍

口腔科种钉机适用于烤瓷牙预备，主要用于石膏模型上石膏钉预制的加工，所谓石膏钉预制指的是在人造石、超硬石膏、环氧树脂模型上指定部位打孔。该设备具有转速高、噪音小、钻孔精度高、操作简便等优点。

二、结构与工作原理

1. 活动底板 为放置模型的平板，板中间有一孔，孔的中心与其正下方的钻头和其正上方的激光束均在同一条直线上。向下按压活动按板，即可暴露其下方的钻头，同时电动机自动启动，钻头开始转动，在模型底部对应激光聚焦点的指定位置打孔。

2. 激光定位系统 位于活动底板的上方，激光器发出激光束，其聚焦点与钻头位置重叠。

3. 马达 为驱使钻头转动的动力装置。

4. 钻头 多为钨钢材质，直径大小不同，可根据需要选择，并且与不同直径的固位钉相匹配。

5. 调整高度螺丝 用于调整活动底板和钻头的相对高度，从而调整钻孔的深度。

6. 其他配件 如外用吸尘器接口，更换钻头的扳手等。外用吸尘器接口可用来连接外用吸尘器，边钻孔边吸尘，既可以保持钻孔、钻头的清洁，同时也利于环境及操作者的健康（图4-5）。

图4-5 口腔科种钉机

三、操作与维护保养

（一）操作

1. 将设备放置于平稳的工作台上。

2. 检查电源电压，确认已严格接地。

3. 安装钻头，调节钻孔深度。

4. 接通电源，打开电源开关。

5. 打开导向激光开关，检查激光束是否通过活动底板上孔的中心。

6. 将模型置于活动底板上，将激光束聚焦在拟打孔位置所在牙齿的殆面。

7. 双手固定模型，轻压活动底板，微动开关接通，同时启动电动机，并带动钻头旋转。

8. 机器工作和连续钻孔的间隔时间应遵循设备说明书和厂商的建议。

9. 操作完毕，关掉电源开关，拔除电源插头，清洁设备。

（二）维护保养

1. 使用完毕应及时清除设备上的石膏粉末。

2. 定期更换并使用原装钻头。

3．操作时勿直视激光束，不要将手指放在打孔处并按压活动底板。

4．定期在夹头处滴入润滑油。

5．检修、清洁及不用设备时，须关闭电源。

四、常见故障及处理

口腔科种钉机的常见故障及处理见表4-5。

表4-5 口腔科种钉机的常见故障及处理

故障现象	可能原因	处理
接通电源，机器不工作	保险丝熔断	找出熔断原因，更换同规格的保险丝
	电源插头接触不良	排查原因，插紧插头
	电源未接通	检查供电电源
	活动底板下方微动开关接触不良	检修微动开关
钻头不转动	钻头周围有石膏等杂物堆积	清理杂物
钻头工作效率低或折断	钻头磨损或变形	及时更换钻头
	选用的钻头质量差	尽量选用原装钻头
活动底板不能下压	活动底板下方堆积有较多石膏残屑	清理残屑
激光或其他光源损坏	激光晶体损坏	更换激光晶体
	其他光源灯泡损坏	更换灯泡

第五节 隐形义齿设备

一、设备介绍

隐形义齿是活动义齿的一种。此类义齿采用弹性树脂卡环取代传统金属卡环，且弹性树脂卡环位于天然牙龈缘，其色泽接近天然牙龈组织，因此，具有良好的仿生效果和隐蔽性。多采用压注成形方式来制作义齿。目前市场上隐形义齿机有手动和全自动两种类型可供选择，下面以手动型为例介绍该设备。

二、结构与工作原理

（一）结构

隐形义齿机主要由注压机、加热器、温控测温仪、型盒、型盒紧固器等构件组成（图4-6～图4-8）。

1．注压机 主要用于将溶化的弹性树脂材料加压注入型盒内。动力部分位于其上部，而下方则是装有弹性树脂的套筒（送料器），套筒下方与型盒的注料孔相通，型盒被固定在注压机底座上。

2．加热器 用于加热溶化高分子材料。

3．温控仪和测温仪 箱体状，可与注压机整合为一个整体（手动一体机），用于控制和反映加热器的温度。其正面具有温度显示屏和计时器。

4．型盒 为专用钢制型盒（图4-9）。

图 4-6　隐形义齿机（一体式）

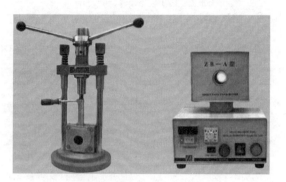

图 4-7　隐形义齿机（分体式）

图 4-8　全自动隐形义齿机

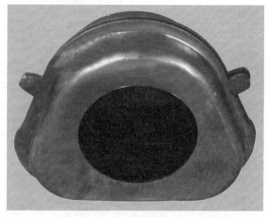

图 4-9　专用钢制型盒

5．型盒紧固器　用于紧固型盒注塑。

6．其他　垫块、冲头、卸料器、送料器。

（二）工作原理

加热器在温控器的控制下，将弹性树脂材料加热溶化，注压机采用诸如螺旋、液压或电动等方式将溶化的材料压入型盒内的铸腔中，冷却后，形成修复体的雏形。

三、操作与维护保养

（一）设备安装要求

1．正确接好地线并安装漏电保护装置，有条件的可安装电源稳压器。

2．将机器用螺丝固定于工作台上，高度以便于操作为准。

3．机器不能放在强磁场的地方。

4．将三个操纵杆装于机器顶端。

（二）操作

1．接通电源，插上热电偶，设定温度 287℃，时间为 11 分钟，旋紧回油阀门。

2. 接通加热炉电源,预热 20 分钟。

3. 将隔离油涂在送料器的铝筒和铜垫表面,先后放入铜垫和铝筒至加热套筒内。

4. 将弹性义齿材料放置于进料筒内,打开计时开关。

5. 将去蜡后的型盒放在型盒紧固器中心,对好注道口旋紧四个螺母。

6. 当加热至 11 分钟时,蜂鸣器发出指示声,此时快速旋转 3 个动力手柄,将动力杆下降至最低限度,使其顶住垫块。

7. 摇动液压动力杆,液压台上升使弹簧处于压缩状态。

8. 维持 3 分钟,旋松回油阀门,液压台回位。

9. 去除送料器手柄,分离送料器与型盒,自然冷却 30～50 分钟。

10. 开盒、打磨、抛光。

(三)维护保养

1. 电源必须严格接地,尽量配备电源稳压器。

2. 注压机放置必须稳固。

3. 检修、清理机器前需断开电源。

四、常见故障及处理

隐形义齿设备的常见故障及处理见表4-6。

表4-6　隐形义齿设备的常见故障及处理

故障现象	可能原因	处理
温控器不显示温度	热电偶未连接或折断	重新连接或更换热电偶
	仪表与电偶接线柱接触不良	检查接线柱与仪表内部是否接通,若电偶正常,则重新连接接线柱与仪表内部连线
	保险管烧断	更换保险管
	总电源无电	检查总电源,重新连接总电源
	总开关损坏	检修或更换总开关
温度显示器显示温度不正常(出现负数或数字反复跳动);温度显示器显示室温而加热器不升温	热电偶折断	更换电偶
	热电偶短路或正负极接反	重接热电偶
	仪表电偶接线柱短路	检修后重新接通
	加热器炉丝接头接触不良或烧断	重新接通或更换加热圈
	保险管烧坏	更换保险管
	温控器仪表输出部分接触不良或无输出	检修温控器仪表输出部分
温控器显示温度与加热器实际温度误差过大	电偶未完全插入到加热器电偶孔内	检测后将电偶完全插入,并固定到电偶孔内
	电偶与温控器不配套	更换相应型号电偶
	温控器故障	检修或更换
温控器未显示287℃	温度设定时未设定到287℃	重新设定
	设定温度有误差	根据显示温度与设定温度上下调整
	电偶质量差或与仪表不配套	更换电偶

第六节　口腔科吸塑成形机

一、设备介绍

口腔科吸塑成形机是将成品聚丙烯、聚碳酸酯一类高分子薄膜加热软化后再经真空吸塑成形的一种口腔科技工设备。它主要用来制作脱色牙套、正畸保持器、牙弓夹板、牙周病与氟化物治疗托盘、暂基托、恒基托、夜磨牙保护垫、护牙托等。

二、结构与工作原理

（一）结构（图4-10）

1. 加热器　利用红外线或电阻丝加热高分子薄膜的装置。

2. 薄膜夹持器　用于夹持固定薄膜。夹持器可以移动，加热时将其靠近加热器，加热完成后，迅速移动它，将薄膜压在模型上。

3. 模型放置台　为放置模型的平台，下方为真空抽吸装置。

4. 真空抽吸装置　在模型的下方抽吸真空，形成负压，从而使薄膜与模型紧密贴合。

5. 控制面板　面板上设置有诸多按钮及开关，如加热按钮、抽真空按钮、定时/计时器等。

6. 其他　如有的机型有压缩空气接口，可以外接压缩空气，压缩空气加压使薄膜和模型更贴合。

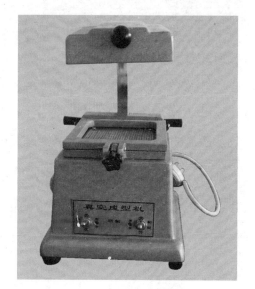

图4-10　口腔科真空吸塑成形机

（二）工作原理

利用红外线或电阻丝加热软化热塑性树脂薄膜，然后通过真空抽吸装置形成负压，使薄膜与模型贴合，冷却后形成修复体的雏形。

三、操作与维护保养

（一）操作

1. 先把拉杆拉起，然后将修整后的石膏模型放在模型台的真空网上。

2. 把薄膜安装在夹持器上，拧紧固定螺丝旋钮。

3. 打开加热开关，观察薄膜的软度，待加热均匀。

4. 将拉杆压下，使加热后的软薄膜覆盖在模型上。

5. 关闭加热开关，打开真空开关，抽真空10~15秒钟，修复体即可成形。

6. 当材料冷却后，将薄膜与模型分离。

7. 修剪修复体，打磨抛光。

（二）维护保养

1. 电压应符合设备要求，电源必须严格接地，尽量配置电源稳压器。

2. 设备的放置必须稳固。

3.定期检修、清理机器，检修前，需断开电源。

4.操作时勿靠近或触摸加热器，以免烫伤。

四、常见故障及处理

口腔科吸塑成形机的常见故障及处理见表4-7。

表4-7 口腔科吸塑成形机的常见故障及处理

故障现象	可能原因	处理
接通电源，机器不工作	保险丝熔断	找出熔断原因，更换同规格的保险丝
	电源插头接触不良	排查原因，插紧插头
	电源未接通	检查供电电源
加热器不工作	电阻丝损坏	更换电阻丝
真空泵不工作	管道及其接口漏气	检查并修理管道及其接口
	真空泵故障	维修或更换真空泵

第七节 CAD/CAM 系统

一、设备介绍

CAD/CAM是计算机辅助设计（CAD）和计算机辅助制造（CAM）的简称。它是将数学、光学、电子学、计算机图像识别与处理、数控机械加工技术结合起来，用于制作嵌体、贴面、全冠、部分冠、固定桥的一门新兴的口腔修复技术。CAD/CAM系统自动化程度高，不仅摆脱了繁琐的制作工艺，减少了患者的就诊次数，提高了工作效率，也增加了修复体的精度及与牙体的密合度。

二、结构与工作原理

（一）结构

CAD/CAM系统由数字印模采集处理装置、人机交互计算机设计装置和数控加工单元三部分组成。

1. 数字印模采集处理装置　数据采集亦称牙殆三维形状测量及计算机图像化。相当于传统方法中的印模制取和模型制备。测量方法分为口内直接测量和模型机械接触测量两种，口内直接测量技术又包括光学反射测量技术和激光扫描技术。数据采集装置包括光学探头或机械触摸式传感器、控制板和显示器。激光探头一般由激光发射器、棱镜系统和光电耦合（CCD）传感器组成。光学探头与机械触摸式传感器可采集口内组织或口外模型的三维形态数据以成像，从而取得"数字化印模"。激光扫描技术因测量精度较高且制作简单，现已得到广泛应用（图4-11）。

2. 计算机人机交互设计装置　包括计算机主机、扫描仪、图形显示终端和各种软件。软件包括系统软件、支撑软件（如图形处理软件、设计数据库等）以及应用软件（专家系统）。该装置根据"数字化印模"的三维形态数据来建立几何模型，亦即"视频模型"，相当于经过牙体预备的石膏模型。然后在人机交流互动模式下完成修复体三维形态的设计、修改，以及"计算机蜡型"的制作、调殆、显示。

3. 数控加工单元 包括数控机床、数控软件、控制板、刀具、激光光敏树脂选择性固化器等。用于根据"计算机蜡型"来完成修复体的制作,替代了包埋铸造或装盒充填热处理等工序。其实现是依靠小型精密数控机床或激光成型机完成的。目前的 CAD/CAM 系统多采用 3.5～5 自由度的精密数控机床,可铣削陶瓷或合金,加工出嵌体、瓷贴面、全冠、固定桥等修复体。此外,还有一种数控的"线切割"及"电火花"加工技术,被用于义齿加工(图 4-12)。

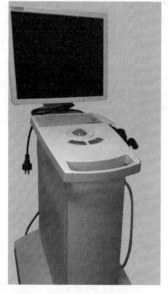

图 4-11 CAD/CAM 系统

图 4-12 CAD/CAM 系统(数控加工单元)

 小知识

计算机信息时代的瓷修复技术

20 世纪 70 年代初,CAD/CAM 技术开始被引入口腔修复领域的义齿设计与制作中。1985 年,在法国国际牙医学术会议上,法国牙医 Francois Duret 教授开创性地用自己研制的第一台牙科 CAD/CAM 系统样机,成功地为患者现场制作了一颗后牙瓷全冠,引发了口腔修复学界的一场重大技术革命。此后,随着现代光电技术、计算机三维重建技术、计算机图像处理技术等的进一步发展,以及世界各国学者、各大公司的不断介入,CAD/CAM 技术在口腔修复领域的应用获得了长足的发展,出现了越来越多的口腔科 CAD/CAM 系统。

迄今为止,已经有逾 10 种较为熟悉的 CAD/CAM 系统问世,目前市场上销售的系统包括:Cerec 系统、Kavo Everest 系统、Sopha/Duret 系统、Cercon 系统、Celay 系统、Procera 系统和 Digident 系统等。它们的应用主要集中在固定义齿的修复方面,用于嵌体、高嵌体、贴面、全冠、固定桥、附着体以及种植钉等修复体的设计与制作。同时,CAD/CAM 技术在口腔医学领域的应用也带动了新型口腔修复学的发展。

(二)工作原理

根据不同的 CAD/CAM 系统,将光学探头以一定距离和一定角度置于口内组织处,探测器获取所需部位必要的信息,通过光感受器转换为电信号,或者由机械接触式探针按像素描记口外模型来获取三维信息,并将这些信息转为电信号形式。之后将这些已转换为数字信号的数据传送到计算机,经相关图形图像处理软件重建后,形成数字化三维图像,并显示在显示器上。至此完成"数字化印模"及生成"数字化模型"。接着再利用计算机人机交互设计装置,在人机交流互动模式下完成修复体三维形态的设计、修改,以及"计算机蜡型"的制作,调𬌗,最后将设计完成的修复体的外形坐标数据集传输到数控加工单元,在计算机的精确控制下,通过铣切固定好的预成材料块,完成修复体的制作。

三、操作与维护保养

(一)操作

1. 插入系统工作软盘,接通电源,启动系统。

2. 将光学探头置于口内组织的一定位置,或用机械探针探触石膏模型表面关键点及相应数量的参考点,按一定顺序和像素要求,采集预备体的三维形态数字化信息。

3. 将三维形态数字化信息输入计算机,三维重建形成数字化的印模和模型,并在显示器上生成正确图像。

4. 通过人机对话,在预备体图像上设计修复体的外形参考点,完成修复体外形的设计、修改、调𬌗,最终生成修复体数据集。

5. 自动或人工选择加工块的材料、颜色和大小,置于加工单元并固定,将修复体外形坐标数据集传输到数控加工单元,启动加工,通过铣切预成材料,完成修复体制作。同步显示进度。

6. 取出修复体,试戴。

(二)维护保养

1. 每次使用前注意电源是否合乎要求。

2. 光学探头每次使用后应消毒并用纤维纸擦净,否则影响印模质量。

3. 应定期更换冷却水。

4. 应定期更换加工刀具,更换时须使用专门工具。

5. 加工单元每次使用后都应清洁。

四、常见故障及处理

CAD/CAM系统常见故障及处理见表4-8。

表4-8 CAD/CAM系统常见故障及处理

故障现象	可能原因	处理
系统不工作	系统盘错误	用正确系统工作盘
	计算机故障	专业人员维修或与供货商联系
印模图像模糊	光学探头角度、位置不正确	保持正确位置
	光学探头不稳定	保持探头稳定
	"印模前"预备体处理不良	重新喷反光粉
	预备体或模型形态不符合要求	重新备牙或取模、灌模
	光学探头及控制板故障	专业人员检修或更换

续表

故障现象	可能原因	处理
设计后图像处理时间过长	编辑线不合理	重新编辑
	控制板故障	专业人员检修或更换
	计算机软件故障	专业人员检修
加工时间过长	编辑不合理	重新编辑
	切削刀具太钝	更换刀具
加工件形态与设计不同	编辑不合理	重新编辑
	切削刀具选用不合理	选用正确的刀具
	计算机故障	由专业人员检修

第八节　平行观测研磨仪

一、设备介绍

　　平行观测研磨仪是用来进行平行度观测、研磨和钻孔的口腔科技工设备。平行度是指两平面或者两直线平行的程度，指一平面（边）相对于另一平面（边）平行的误差最大允许值。通过平行度观测，可以评价直线、平面之间的平行状态，其中一个直线或平面是评价基准，在最大误差允许值范围内，基准可控制被测样品的直线或平面的运动方向，即控制被测要素对准基准要素的方向。此功能有利于测量和取得修复体之间的共同就位道，从而顺应了近年来精密铸造与烤瓷铸瓷技术的快速发展。

二、结构与工作原理

（一）结构

　　由底座、垂直调节杆、水平摆动臂、研磨工作头、万向模型台、工作照明灯、控制系统以及切削杂物盘等部件组成（图4-13）。

　　1. 底座　该设备的基座，上面可安置其余各部件，如垂直调节杆、控制系统、万向模型工作台、数字显示表板、电源、开关等。

　　2. 垂直调节杆　可保证其上部的水平摆动臂沿垂直调节杆长轴方向移动并锁定在任意高度。杆上刻有垂直高度标尺，以标示水平摆动臂的工作高度。

　　3. 水平摆动臂　安装在垂直调节杆上，既可水平绕垂直调节杆做圆周运动，也可沿垂直调节杆的长轴方向上下移动并能锁定在空间的任意位置，这样可以保证其末端的研磨工作头能有效覆盖模型工作区的全部范围。研磨工作头中心垂线与垂直调节杆长轴方向的平行度，是保证观测和研磨精度的重要条件。

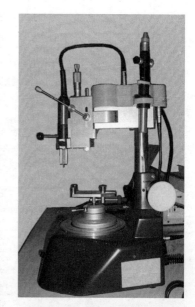

图4-13　平行观测研磨仪

4. 研磨工作头　可用来夹持平行观测杆、研磨电机、平行电蜡刀。

5. 万向模型台　由模型固定器和模型台固定装置组成。模型台固定装置利用强磁力作用将模型台固定在底座上,打开电磁开关可把模型台紧固在底座上,切断电磁开关,模型台可在底座上自由移动。模型台固定装置上的球形支座将其与模型固定器连接为一体,模型固定器绕球形支座可做任意方向的转动。工作模型则依靠固位螺钉锁定于模型固定器上。

6. 工作照明灯　采用高亮度的卤素光源,为工作区提供照明。

7. 控制系统　是指仪器的电器控制系统,由电源及电源开关、电机参数控制、电蜡刀温度控制、数字显示表板、照明工作灯及万向工作模型台的固定开关等组成。可控制电机的转速、切削力矩、电蜡刀的工作温度、照明及万向模型台的磁力控制。

8. 切削杂物盘　用来收集切削废弃物,同时回收贵金属。

（二）工作原理

仪器通电后,通过电磁开关移动、固定模型,移动水平摆动臂,并始终保持与垂直调节杆长轴平行,以此调整研磨工作头在模型工作区的位置。首先利用平行观测杆观测模型牙的平行度,确定义齿的共同就位道,然后换研磨电机预备模型牙冠、精密附着体以及种植牙桩核,以形成义齿的共同就位道。另外还可以加工蜡代型,选择具有一定直径及锥度的平行电蜡刀,通电后加热至适当温度,可以在蜡型上调整蜡型的平行度。

三、操作与维护保养

（一）操作

1. 使用环境要求温度 0～40℃,最大湿度为 90%。

2. 供电电压必须与机器标注电压一致。

3. 调整好模型的位置并锁定。

4. 按照说明书调整好工作头高度。

5. 调节和固定摆动臂中的标尺高度,调节标尺卡盘。

6. 调整电蜡刀,调节好合适温度。

7. 根据需要调整研磨电机的工作参数,接通脚控开关,进行模型的磨削、钻孔等。

8. 更换车针时关闭电机电源,打开车针夹头,更换车针,旋紧夹头。

9. 更换夹持器:关闭主电源开关,用夹持器开启杆扼住工作头,防止其转动,用手旋出夹持器,将新的夹持器旋入到位。

（二）注意事项

1. 注意保持高度调节固定螺丝与水平摆动臂紧密接触,防止水平摆动臂滑落。

2. 当研磨金属、树脂、蜡时,须配戴防护镜。

3. 操作者若留有长发,应将头发束起并戴好帽子,以防头发被机器缠绕而造成危险。

4. 使用电蜡刀时,应防高温烫伤。

5. 设备检修应由专业人员进行。

（三）维护保养

1. 仪器不用时须拔下电源插头。

2. 清洁机器可用干净棉纱擦拭,并按要求加注润滑油。

3. 检修仪器前,应先断开电源。

4. 仪器应放置于平稳的工作台。

四、常见故障及处理

平行观测研磨仪常见故障及处理见表4-9。

表4-9　平行观测研磨仪常见故障及处理

故障现象	可能原因	处理
电源指示灯不亮	无电源,插头接触不良,保险丝熔断	检查电源、插紧插头,更换同规格保险丝
电机不转	控制踏板未连接好,电机故障	重新连接,专业人员维修电机
电机停止运转,红灯指示过载	车针被卡住,车针夹头张开	找出过载原因并排除,重新启动电机
电蜡刀未升温	未调节温度	旋转温度调节钮,调高蜡刀温度
模型台不能锁定	未开启电磁开关	打开电磁开关

第九节　口腔科3D打印技术

一、设备介绍

3D打印是快速成型技术的一种,它是一种以数字模型文件为基础,运用粉末状金属或树脂等可黏合材料,把数据和原料放进3D打印机中,通过逐层打印的方式来构造物体的技术,即机器会按照程序把产品一层层"堆"出来。

口腔科3D打印技术实质是将口腔科CAD与3D打印机结合,医师或技师可在"数字化模型"上设计修复体,将数据输入3D打印机进行打印。口腔科3D打印多采用光敏树脂材料,目前国内可以打印出义齿基托、重建树脂颌骨以及牙齿(图4-14)。

图4-14　3D打印机

小知识

3D打印技术的应用与优势

　　3D打印技术在欧美已有几十年的历史，2002年进入中国，经过行业内几年的洗牌和推广之后，在香港、广东已有了一定的认知度。3D打印技术首先应用于工程领域，随后被推广到医学领域，广泛应用于骨科、神经外科、口腔颌面外科的术前诊断、手术规划和模拟等各个阶段。在口腔医学领域，3D打印技术以其独有的优势逐渐应用于口腔颌面外科、口腔修复科、口腔内科及口腔正畸科的临床工作中。操作3D打印机的培训在半个小时内就能完成。这意味着，3D打印机普通人都可以操作。

　　3D打印技术最突出的优点是无需机械加工或任何模具，就能直接从计算机图形数据中生成任何形状的零件，从而能极大地缩短产品的研制周期，提高生产率和降低生产成本。与传统技术相比，3D打印技术还拥有如下优势，通过摒弃生产线而降低了成本，大幅减少了材料浪费。而且，它还可以制造出传统生产技术无法制造出的外形，如让人们可以更有效地设计出飞机机翼或热交换器。另外，在具有良好设计概念和设计过程的情况下，3D打印技术还可以简化生产制造过程，快速、有效、廉价地生产出单个物品。

二、结构与工作原理

（一）结构

主要由数字印模采集处理装置、计算机人机交互设计装置和3D打印机三部分组成。

1. 数字印模采集处理装置　与CAD/CAM系统相同。

2. 计算机人机交互设计装置　与CAD/CAM系统类似，但3D打印技术在三维设计中有所不同，它在计算机建模软件建立"视频模型"后，再将三维模型"分区"成逐层的截面，即切片，从而指导打印机逐层打印。

3. 3D打印机　由UV灯、喷头、加热系统、数控软件及控制组件构成。UV灯即紫外线灯，目前口腔科3D打印材料多为紫外线光敏树脂（SLA），UV灯利用光化学反应快速固化打印材料。加热系统多利用激光加热熔融固态打印材料。喷头则用来将液态打印材料喷涂于铸模托盘上。

（二）工作原理

首先利用数字印模采集处理装置取得"数字化印模"，然后由CAD建模软件生成"数字化模型"，接着再将三维模型逐层截面，将截面后的"视频模型"数据通过SD卡或USB优盘拷贝到打印机中，打印机通过读取文件中的横截面信息，利用打印材料将这些截面逐层地打印出来，最后再将各层截面以各种方式固化黏合起来，从而制造出一个修复体实体。

三、操作与维护保养

（一）操作

1. 利用数字印模采集处理装置取"数字化印模"。

2. 利用CAD建模软件生成"数字化模型"。

3. 把设计好的虚拟模型导入打印管理软件,打印软件将会把模型进行横切,每一个切片的厚度等于 3D 打印机的打印精度。

4. 将截面后的"视频模型"数据通过 SD 卡或 USB 优盘拷贝到打印机中,打印机开始读取文件中的横截面信息。

5. 启动打印程序,打印机喷头进行预热、自检。

6. 预热、自检完毕,喷头抽取打印材料,把加热溶解后材料喷到打印平台上。

7. 喷头不断地喷出原料,通过层层叠叠的方式把模型打印出来。

（二）注意事项

1. 机器有加热系统,操作过程中会产生高温,检测前需要让它自然冷却。

2. 可动部件可能会造成卷入挤压或切割伤害。操作机器时不要戴手套或缠绕物。

3. 在工作温度下,设备可能会产生刺激性气味,应保持环境的通风和开放。

4. 在运行过程中,请勿无人看管。

5. 接触喷头出来的挤压材料可能会造成灼伤,需等到打印物件冷却后再把它移出打印工作平台。

（三）维护与保养

1. 使用完毕应及时更换材料。

2. 每次使用后应做垂直校准,确保打印机完全沿着 x、y、z 轴的水平方向。

3. 定期清洗喷头,一般使用纯棉布或软纸擦拭。

四、常见故障及处理

3D 打印机常见故障及处理见表 4-10。

表 4-10　3D 打印机常见故障及处理

故障现象	可能原因	处理
无电	电源线未连接	连接电源线
	插头未插好	插紧插头
喷头或平台未能达到工作温度	打印机未初始化	初始化打印机
	加热器损坏	维修或更换同规格加热器
打印材料无法喷出	材料在喷头内堵塞	清洁拆除、更换喷头

小结

　　本章介绍了口腔工艺制作过程中使用到的一些其他设备,包括口腔多功能技工台、口腔科焊接机、技工振荡器、口腔科种钉机、隐形义齿机、口腔科吸塑成形机、平行研磨仪。同时结合新科技与口腔医学技术的发展,还介绍了 CAD/CAM 系统及口腔科 3D 打印机新设备。学生通过学习以上设备的结构、工作原理、操作规程以及设备维修保养等方面的系统知识,为其全面掌握口腔工艺设备方面的知识,适应现代化的职业岗位奠定了良好的基础。

（葛亚丽）

1. 隐形义齿设备的结构和工作原理是什么？

2. CAD/CAM 系统的操作步骤有哪些？

3. 简述平行观测研磨仪的操作程序。

第五章　口腔医疗设备

学习目标

1. 掌握：口腔综合治疗机、口腔科手机的工作原理及故障处理。
2. 熟悉：光固化机、超声波洁牙机、口腔消毒灭菌设备的工作原理及故障处理。
3. 了解：根管长度测量仪、口腔种植机、口腔医学影像设备、口腔激光治疗机的工作原理。

　　口腔医疗设备是指用于协助诊断和治疗口腔疾病所使用的设备，它是口腔各科进行医疗工作的基础。主要包括各种类型的口腔综合治疗机、口腔科手机、光固化机、超声波洁牙机、口腔消毒灭菌设备、根管治疗设备、口腔医学影像设备等常见设备。

第一节　口腔综合治疗机

　　口腔综合治疗机由综合治疗机和口腔科治疗椅组成。按其配备的手机动力不同又可分为两种类型：一种是带气动手机的综合治疗机，含高速手机和低速气动马达手机，此种综合治疗机如配上联动的口腔科治疗椅则构成综合治疗台（图5-1）；另一种是只带有电动手机的综合治疗机，该机具有体积小、操作方便、技术性能稳定、故障发生率较低、便于维修等特点，适用于基层单位。

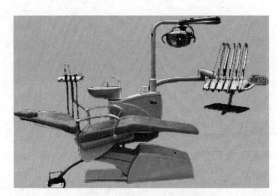

图5-1　口腔综合治疗机

（一）结构与工作原理

1. 带电动手机的口腔综合治疗机　主要由机体、电动机及三弯臂、冷光手术灯、器械盘、痰盂及排污管、脚控开关等组成。

2. 带气动手机的口腔综合治疗机 除动力源不同外，其基本结构同带电动手机的口腔综合治疗机。其动力源主要来自气路和水路。

（1）气路系统：由气源引出压力为 0.5～0.7MPa 的压缩空气，进入地箱后，通过气开关进入空气过滤器，滤除气体中的水分和杂质后，送至手机的驱动气体控制部分、冷却水雾气控水阀和负压发生器的气控水阀。手机的驱动气体经控制开关传输至手机压力调节开关，经调定后，气体驱动手机旋转。工作原理见图 5-2。

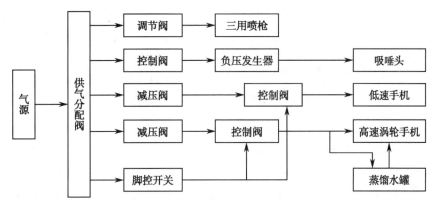

图 5-2 口腔综合治疗机气路示意图

手机驱动气体调定值一般为：

1）高速手机：工作压力 0.2MPa，耗氧量 35L/min，最大转速 35 万 r/min；

2）低速气动马达手机：工作压力 0.3MPa，耗氧量 55L/min，最大转速 1.5 万 r/min。

（2）水路系统：通常采用压力为 0.2MPa 自来水经过滤后，进入手机的冷却水的气控水阀和负压发生器的气控水阀，再分别进入手机的水雾量调节开关，给手机提供冷却水雾的水源和进入负压发生器产生吸唾器所需的负压。工作原理见图 5-3。

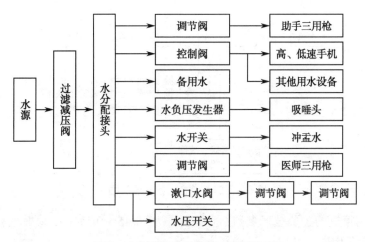

图 5-3 口腔综合治疗机水路示意图

（3）电路系统：口腔综合治疗台的工作电压为交流 220V、50Hz，控制电路电压一般在 24V。工作原理见图 5-4。

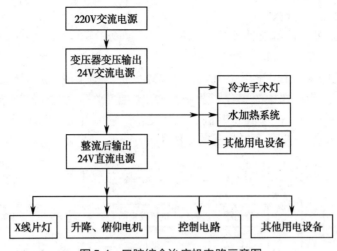

图 5-4 口腔综合治疗机电路示意图

3．工作原理 打开空气压缩机电源开关，产生压力为 0.45～0.60MPa 的压缩空气供机头使用，打开地箱控制开关，水源、气源及电源均接通。打开冷光手术灯电源开关灯即亮，并分别按动口腔科治疗椅升、降、仰、俯动作。拉动器械台上的三用喷枪机臂，分别按动水、气按钮，可获得喷水和喷气；若同时按动水、气按钮，可获得雾状水，以满足治疗的不同需要。拉动器械台的高低速手机机臂，踩下脚控开关，压缩空气和水分别进入气路系统和水路系统的各控制阀到达机头，驱动涡轮旋转，从而带动车针旋转，达到钻削牙体的目的。车针旋转的同时有洁净的水从机头喷出，以降低钻削牙体时产生的温度。放松脚控开关，机头停止旋转。医师可根据患者的病情，选择高速和低速手机。工作原理见图 5-5。

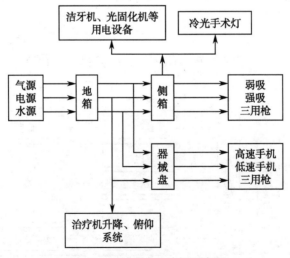

图 5-5 口腔综合治疗机示意图

口腔综合治疗机的主要技术参数：①供气压力：0.45～0.5MPa；②最大耗气量：100～200L/min；③现场水压：0.2MPa。

（二）操作及维护保养

1．先启动连接线箱上的电源开关，再启动器械台上的水气开关。供电电压应符合要求，一般为 220V±10%。水压力应符合口腔综合治疗机的技术指标 0.2MPa。

2．正确使用口腔科综合治疗机的升、降、俯、仰按钮及自动复位按钮。

3．器械台的设计荷载重量一般为 2kg 左右，切忌在器械台上放置过重的物品，防止破坏其平衡，造成器械台损坏。

4．使用涡轮手机前后，应将其对准痰盂，转动并喷雾 30 秒钟，以便将手机尾管中回吸的污物排出，防止发生交叉感染。高、低速机头及三用喷枪、洁牙机头用完后，应及时放回挂架。

5．吸唾器和强吸器在每次使用完毕后，吸入一定量的清水，对管路、负压发生器等元件进行清洗，防止堵塞和损坏。

6．水杯注水的速度应调至适当，以防止向外喷溅和溢出污染治疗环境。

7．手机的操作和维护，应严格遵照相关的技术资料推荐的方法进行。

8．手术灯在不用时应随时关闭，因反光镜有透射热的作用，如长时间连续使用，会导致手术灯后部过热而损坏。工作一段时间后，手术灯反光镜表面会有浮尘而影响其效果，应定期用湿布将其擦净并吹干。

9．每日治疗完毕都应用洗涤剂清洗痰盂，不得使用酸、碱等带有腐蚀性的洗涤剂，以防损坏管道和内部元件。

10．每日停诊后，应用合适的消毒剂对设备表面进行擦拭，以保护整机外表清洁、美观；应将治疗椅复位到预设位，再关闭电源开关，并放掉空压机系统内的剩余空气。

（三）常见故障及处理

口腔综合治疗机的常见故障及处理见表 5-1。

表 5-1　口腔综合治疗机的常见故障及处理

故障现象	可能原因	处理
手机转速慢，强吸无力	压缩空气压力不足	将气压调至 0.5～0.7MPa
无手机驱动气体排出	主气路阀门未开启	修复、更新主气路阀门
	脚控开关未接通	修复脚控开关阀门
	气管弯曲和堵塞	重新调整管道位置
手机无冷却水雾	手机喷水口堵塞	用细钢丝清理手机喷水口
	水雾量阀未开启	重新调整或更新水雾量阀
	水管堵塞或压瘪	重新摆放水管
高速手机转速过快并有啸叫声	工作气压偏高	将压力调整到手机额定工作值
	高速手机错装在低速手机的气动马达接口上	重新正确安装
冷光手术灯不亮	灯泡烧坏	更换灯泡
	灯脚接触不良或导线烧断	更换灯脚，焊接导线
	冷光手术灯开关接触不良	更换手术灯开关
吸唾器不吸水	吸唾阀失灵	更换吸唾阀的密封胶垫
	吸唾器过滤网堵塞	清洗吸唾器过滤网
	吸唾器的管道堵塞	疏通吸唾器管道
治疗椅升降时有噪声	椅座、椅背油缸助动筒缺油	在助动筒处抹上少许液压油

第二节　口腔科手机

口腔科手机是口腔科必备的设备之一。根据用途不同,可分为多种类型。本书主要介绍高速手机、低速手机的工作原理、日常维护及维修。

一、高速手机

滚珠轴承式涡轮手机具有切削压力小、转速高(30万～50万 r/min)、钻削时间短、车针转动平稳、使用方便等优点。常与口腔高速涡轮机和口腔综合治疗机配套使用(图5-6)。

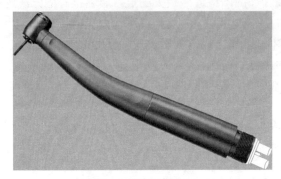

图5-6　高速手机(一)

1. 结构　主要由机头、手柄及手机接头组成(图5-7)。

图5-7　高速手机(二)

(1) 机头:由机头壳、涡轮转子、后盖组成。

(2) 手柄:是手机的手持部位,一般为空心圆管,内部有手机风轮驱动气管和水雾管。该水雾管一端直接与治疗机的水源连接,另一端在手机下方的出口,当钻机工作时,水雾正好喷在工作面上,冷却水雾的主要作用是:

1) 消除切削面的摩擦热。

2) 减轻切削操作对牙齿的刺激。

3) 清洁车针上的牙齿碎屑等附着物。

4) 减轻对牙周组织的损伤。

(3) 手机接头:是手机与输气软管的连接件。手机接头有两种结构:螺旋式——用紧固螺帽连接;快装式——插入后用锁扣连接。

常用手机接头有2孔(大孔为进气孔,小孔为水雾孔)和4孔(最大孔为回气孔,第二大孔为进气孔,两个小孔分别为水雾进气孔和进水孔)两种。

2. 工作原理　滚珠轴承型涡轮手机是以洁净的压缩空气作为动力,利用压缩空气对风轮片施加推力,使其高速旋转。车针装于夹轴内,夹轴又固定于风轮轴芯,风轮带动夹轴高速旋转,从而带动了车针的同步转动进行钻削。工作过的废气从手机尾部排气孔排出。

3．操作常规

（1）使用合格的车针,对车针的要求应该十分严格,直径在1.59～1.60mm。

（2）正确装卸车针,装卸车针必须在夹簧完全打开的状况下进行,以免损害夹轴。车针要安装到底,否则,会发生飞针事故。

（3）涡轮手机的驱动气压应在0.2～0.22MPa,压缩空气必须干燥、清洁。

（4）车针用钝时,要及时更换新;否则,会影响高速轴承的寿命。

4．维护保养

（1）气压喷油罐是手机的润滑工具,在使用之前,卸下手机车针,将喷油罐喷嘴插入手机接头进气孔,须垂直使用,以保证有足够的气压来清洁轴承。气压喷压罐不但可以润滑手机,还能达到清洁轴承和风轮的效果。每日上、下午工作结束后,各润滑手机一次,每次喷射2～3秒钟。

（2）手机是造成交叉感染的主要途径。手机使用后应进行清洗、润滑,并使用手机消毒炉进行消毒。

5．常见故障及处理　滚珠轴承式涡轮手机常见故障及处理见表5-2。

表5-2　滚珠轴承式涡轮手机常见故障及处理

故障现象		可能原因	处理
车针松动或飞针		车针杆部太细	更换车针
		手机内的夹簧磨损变形	回厂修理
		使用中受振动	每使用一次后,都将车针卸下再拧紧
无冷却水雾		水箱内无水	加足蒸馏水
水不成雾状		丝包管中的输气塑料管断裂	更新塑料管
钻不动牙	有异常噪音	轴承有异常磨损	更换新轴承
	压力表指示0.2MPa以下	压力偏低	调节气压,使压力提高至0.2～0.5MPa
	无异常噪音	车针磨损或弯曲	更换新车针
	压力正常	车针装夹位置不正	正确装夹车针
手机尾部漏水		丝包管中的输气塑料管断裂	更新塑料管

 小知识

理论与实践：高速手机的主要技术参数

1．工作气压≥220kPa（手机与管线连接口处）;转速≥300 000rpm,切削力强;功率16W;车针夹持力≥30N。

2．具有防回吸功能,减少交叉感染机会。

3．连接接口为ISO国际标准4孔配快速接头,可耐热清洗,134℃高温高压真空灭菌消毒,防止交叉感染。

4．手机手柄按人体生物学原理设计,具有防滑凹或者凸纹设计,适合使用者的安全治疗工作。

二、低速手机

低速手机由气动马达手机和电动马达手机组成,其中气动马达手机由气动马达和与之相配的直机头和弯机头组成(图5-8)。本书重点介绍气动马达手机。

图5-8 低速马达手机

(一)结构与工作原理

气动马达手机由气动马达和直机头及弯机头组成。直、弯机头可更换使用,车针转速可达$(0.5\sim2.0)\times10^4$r/min,具有正、反转的功能。

1. 气动马达 由定子、转子、轴承、滑片、滑片弹簧、输气管、调气阀、消音气阻及空气过滤器组成。高压空气沿马达定子内壁切线方向进入缸体内部形成旋转气流,借助滑片推动马达转子旋转,转子轴又带动机头工作。

2. 直机头 由芯轴、轴承、三瓣夹簧、锁紧螺母及外套组成,芯轴由两个轴承夹固在机头壳内,芯轴内前端装有三瓣夹簧,转动锁紧螺母,可使三瓣夹簧在芯轴内前后移动,放松或夹紧车针,而芯轴由气动马达带动旋转。

3. 弯机头 由带齿轮和夹簧的夹轴、齿轮杆、轴承、钻扣及机头外套组成。马达将动力传动给弯手机后轴,而后轴又通过齿轮驱动中间齿杆旋转,中间齿杆又用齿轮驱动夹轴齿轮,夹轴齿轮带动夹轴内的车针旋转。弯机头有多种型号,可以根据不同的治疗需求选用。

(二)操作常规及注意事项

1. 工作气压不得大于0.30~0.35MPa。

2. 压缩空气内不含水和杂质。

3. 气动马达连接轴插入直机头或弯机头,马达上的卡扣应锁紧。按下卡扣,向前拉出,即可取下机头。

4. 选用合格的磨石和车针,车针柄直径过小、过大都会损害机头。

5. 直机头未夹紧车针,不得开动马达。

(三)维护保养

1. 每日使用前,从气动马达尾部进气孔喷射含油清洗润滑剂数秒钟。

2. 每日工作完毕后,卸下直、弯机头,从机头后部传动轴旁加注3~5滴润滑油,再装在气动马达上,轻踏几次脚控开关慢慢转动几秒钟,使润滑均匀。

（四）常见故障及处理

气动马达手机常见故障及处理见表5-3。

表5-3 气动马达手机常见故障及处理

故障现象	可能原因	处理
直手机夹不住车针	三瓣夹簧生锈、有污物	清洗三瓣夹簧
弯手机卡不住车针	针卡磨损	更换针卡
直手机不转	轴承损坏	更换轴承
弯手机转动无力	齿轮磨损、故障	更换齿轮
气动马达转速突然下降	马达气管接头连接不良	拧紧马达与气管
	输气软管漏气使压力不足	更换输气软管，检查并恢复气压
马达不转	马达直手机未装车针或马达损坏	装好车针，维修或更换马达
马达扭力不足	滑片磨损	更换滑片
	气路中有异物、污垢等	拆卸清理

第三节 光固化机

光固化机亦称光敏固化灯，是用于聚合光固化复合树脂修复材料的卤素光装置。光固化复合树脂材料具有物理化学性能好、色泽美观、表面光洁、种类齐全、便于成形和抛光等优点。这种材料必须在可见光范围内特定波长的光照下才能固化，光固化机即是为这种材料提供特定波长光照射的设备。

目前，光固化机及复合树脂材料已在国内外普遍应用，对口腔疾病的治疗具有良好的效果。这一新技术的产生不但扩大了牙病的治疗和修复范围，而且满足了人们对面部美观的要求，适应现代口腔医学美学发展的需求。

（一）结构与工作原理

1．结构 光固化机主要由电子线路主机和集合光源的手机两大部分组成。主机包括恒压变压器、电源整流器、电子开关电路、音乐信号电路、电源线以及手机固定架；手机包括卤素灯泡、光导纤维棒、干涉滤波器、散热风扇、定时装置、手动触发开关以及主机连接线（图5-9）。

2．工作原理 接通电源，主机电子开关电路进入工作状态，并输出一个控制信号，同时风扇运转，冷却系统散热。按动手机上的触发开关，卤素灯泡发光。光波通过干涉滤波器，将不同频率的红外线光和紫外线光完全吸收，再通过光导纤维棒输出均匀且波长范围为380～500nm的无闪烁光，使光固化复合树脂迅速固

图5-9 光固化机

化。定时结束,音乐电路报警时,卤素灯熄灭,完成一次固化动作。再次按动触发开关,可重复以上过程(图5-10)。

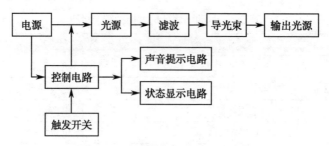

图5-10 光固化机工作原理示意图

光固化机的主要技术参数:

(1)光谱特性:在可见光范围内,不含紫外线光和红外线光,其光照度大于60 000lx。

(2)光固化效果:20秒钟以上可固化大于2mm厚的材料。

(3)输入功率:110~170W。

(4)定时时间:有20秒钟、30秒钟、40秒钟等多种时间供选择。

(5)光波波长范围:380~500nm。

(6)卤素灯泡:DC 12V,75~100W。

(7)工作电源:AC 220V,50Hz。

（二）操作常规

1.接通电源。

2.将光导纤维棒插入接口。

3.根据需要选择光照时间,调整好定时开关。

4.医师戴上护目镜,手持手机,将光导纤维棒头端面靠近被照区,其间距保持2mm。按动触发开关,进行光照固化。定时结束后,卤素灯泡熄灭,蜂鸣器发出结束信号。再次按动触发开关,可重复操作。

5.光照结束后,可将手机放置在固定搁架上,此时冷却风扇仍在运转,经数分钟温度下降后,关闭电源,拔下电源插头。

6.固化时间的选择 材料厚度小于2mm时,选择光照时间为20秒钟;材料厚度2~3mm时,选择30秒钟;材料厚度大于3.0mm时,应适当增加光照时间和光照次数。

（三）维护保养

1.机器在运输及使用过程中,避免剧烈振动。

2.保持光导束输出端清洁,工作时不接触牙齿及树脂材料。

3.光导束弯曲次数不宜过多,用后尽量放直,避免碰撞或挤压,以防折断。

4.为避免灯泡过热,要注意间歇性使用。

5.开关及工作机头,要注意轻压、轻放,用力适当。

6.机器使用完毕,应擦去水雾、污渍,置于干燥、通风的室内。

7.常备使用频繁的零件,灯泡组合件应放在干燥瓶内。

（四）常见故障及处理

光固化机的常见故障及处理见表5-4。

表 5-4 光固化机的常见故障及处理

故障现象	可能原因	处理
整机不工作，指示灯不亮	电源插头与插座接触不良	使插头与插座接触良好
	保险丝熔断	更换保险丝
	变压器损坏	更换变压器
	三端稳压块损坏	更换稳压块
按动触发开关后，无光发出	触发开关接触不良或损坏	修理或更换触发开关
	卤钨灯损坏	更换卤钨灯泡
	光导束损坏	更换光导束
光照后，聚合硬度不够	卤钨灯老化，光导纤维折断较多或工作面污染	更换卤钨灯，更换光导纤维管，去除污染物或用光学抛光材料擦拭
	卤钨灯电源不正常	查找原因，保证灯泡的额定电压

 小知识

理论与实践：LED光固化机

随着LED技术的进步，设备生产商将LED技术引入了口腔用光固化机的领域，使用特制的LED灯代替传统的钨线卤素灯泡。由于LED灯具有寿命长、消耗能量低、光源稳定等特性，使得LED光固化机与钨线卤素灯泡光固化机相比，具有使用寿命长、外观轻便等优点。

LED光固化机的工作原理与钨线卤素灯泡光固化机相同，其构成主要为：低压电源（24V）、控制电路、LED灯、干涉滤波器、光导纤维管等。由于其设计小巧、轻便，使它成为口腔综合治疗机的一个选装件，可直接安装在口腔综合治疗机的合适位置。

第四节　超声波洁牙机

超声波洁牙机是利用频率为20kHz以上的超声波振动进行洁治和刮治牙结石、牙菌斑的口腔治疗设备。同传统的手工洁牙相比，具有效率高、速度快、创伤小、省时省力等优点，可减轻患者的痛苦和降低医务人员的劳动强度，目前已广泛应用于口腔临床治疗（图5-11）。

超声波洁牙机除具有洁治和刮治功能外，更换不同的工作头，还可进行喷砂、抛光、根管治疗、拆卸套冠和固定冠桥等作用。

（一）结构与工作原理

1. 结构　超声波洁牙机主要由发生器、换能器、可互换的工作头及脚控开关四个部分组成。

（1）发生器：包括电子振荡器和水流控制系统。电子振荡器产生工作功率，输出至换能器工作头；水流控制系统调节流向换能器的水流量。

在发生器前板上装有电源开关、指示灯、功率输出量调节旋钮、水流量调节旋钮。根据不同治疗要求，调整输出频率，使之与换能器工作头的固有频率一致，即谐振，此时输出功率为最佳。

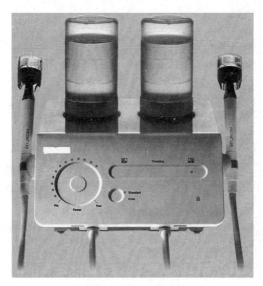

图5-11 超声波洁牙机

　　在发生器后板上装有电源线、脚控开关插座、保险管座、输出线和水管。电源线用于连接 220V、50Hz 交流电源,脚控开关插座与脚控开关连接,保险管座内装电源保险管,输出线连接换能器手柄,水管连接自来水和压力盛水装置,压力不低于 0.2MPa。

　　(2)换能器和工作头:超声波洁牙机的换能器(图 5-12)因材料和工作原理的不同,有磁伸缩换能器和电伸缩换能器两种,而洁牙机的手柄也因所用换能器的不同有两种类型。

图5-12 超声波洁牙机的换能器

　　1)磁伸缩换能器:用金属镍等强磁性材料薄片叠成,通过焊接或用螺纹将变幅杆和工作头连接在一起。手柄为一中空塑料管,外绕电磁线圈,冷却水从中通过,工作时换能器插入线圈内,冷却水冷却换能器后从工作头喷出。镍片等强磁性换能器置于磁场中被磁化,其长度在磁化方向随磁场变化伸缩,带动工作头做功。

　　2)电伸缩式换能器:由钛酸钡等晶体做成圆板,其两面烧着银电极,圆板中间为一通孔,用中空的铜螺栓穿过,夹紧。螺栓一端接进水管,一端固定工作头。换能器固定在手柄内不能取出。

　　当换能器两电极间施加电压时,其换能器晶体厚度,依电场强度和相应频率发生变化产生振动,进而通过螺栓带动洁牙工作头进行洁治。

　　(3)洁牙机工作头:由不锈钢和钛合金制成,为适应不同牙齿及部位的治疗,有不同的形状,可根据需要更换。

　　(4)脚控开关:主要控制高频振荡电路和冷却水。

　　2. 工作原理　由集成电路和晶体管组成的电子振荡器,产生超声频率为 28～32kHz 的电脉冲波,经手柄中的超声波换能器,转换为微幅机械伸缩振动,使工作头产生相同频率的超声振动(图5-13)。从手柄中喷出的水,受超声波振动,水分子破裂,出现无数气体小空穴,空穴闭合时产生巨大的瞬时压力,迅速击碎牙石,松散牙垢,达到清洁目的。

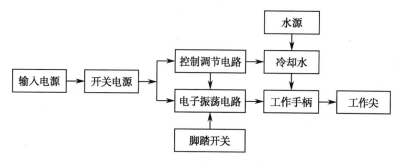

图5-13 超声波洁牙机工作原理示意图

（二）操作常规

1. 将蒸馏水灌入压力盛水装置至容积 3/4 处,将其出水管接至洁牙机后面进水接头并扎紧。

2. 将脚控开关插头插入脚控开关插座内。

3. 将洁牙机工作头的换能器插入手柄(磁伸缩),或将工作头螺纹拧紧在手柄螺栓上(电伸缩)。

4. 接通电源,打开电源开关,指示灯亮。

5. 拿起手柄,调小功率旋钮,调大调水旋钮,反复踩下脚控开关,直至水从工作头喷出。

6. 逐渐调大功率的输出值至合适,仔细调节水量调节旋钮,使水雾量在 35ml/min 左右为宜,工作头喷水温度约 40℃。

7. 洁治工作结束后,应将手柄和工作头进行高温高压灭菌。

8. 进行洁治和刮治工作还应注意以下几点:

（1）电伸缩换能器质地较脆,不能承受过大冲击,手柄使用完后,应放在支架上。

（2）工作头应安装可靠,否则影响功率输出,机器功率的强度不应超过最大功率的 2/3。

（3）工作刀具尖端与牙面应保持切线位置,一般与牙面成 15° 角。

（4）使用时水量要充足,水温要适当。

（5）龈下刮治时,应用探针仔细检查,了解根部形态和牙石的具体位置。

（6）治疗中不可对工作头施加过大压力,以免加速磨损。

（7）手柄电缆内导线较细,易折断,严禁打死弯和用力拉电缆。

（8）带有心脏起搏器的患者慎用。

（9）尽量不要在局部麻醉的情况下操作。

（10）短期内一般不重复做超声波洁牙治疗。

（三）维护保养

1. 洁治时,输出功率强度不应超过其最大功率的 2/3,如有特殊需要加大功率时,应缩短操作时间,尽量避免工作刀具和换能器超负荷工作。

2. 不应在工作头不喷水情况下操作,否则易损伤牙齿及牙龈,损坏工作刀具及换能器。

3. 尽量减少换能器电缆的接插次数,以免磨损微型密封圈,造成接口处漏水。

4. 机器连续工作时间不宜过长,以免机器发热产生故障。

5. 机器不用时,电源开关置于关闭状态,换能器及手柄应放在固定搁架上,防止跌落或碰撞。

6. 压力盛水装置不可越过水位线,且压力不能过高,以免发生意外。

7. 若机器长期不用,应每1～2个月通电一次。

（四）常见故障及处理

超声波洁牙机的常见故障及处理见表5-5。

表5-5 超声波洁牙机的常见故障及处理

故障现象	可能原因	处理
工作头不振动	电源插头接触不良	插好电源插头
	保险丝熔断	更换同规格保险丝
	脚控开关接触不良	修理脚控开关
	振荡电信号断路	焊接断线
机器有水,但工作头喷不出水雾	工作刀具未拧紧	拧紧刀具
	工作刀具磨损或弯曲	更换刀具
	机器电源电压过低	调整电压至额定值
	喷水管道堵塞	疏通堵塞部位
工作头振动无力	工作刀具磨损	更换工作刀具
	振荡电路故障	排除故障,更换损坏元器件

小知识

理论与实践：喷砂洁牙机

喷砂洁牙机是利用高压气体将喷砂粉(以碳酸氢钠粉末为主要成分)喷向待洁牙面的设备,具有能够快速去除牙菌斑和色素的优点。此设备适用于清洁超声波洁牙机不易到达的牙间隙中的牙菌斑和色素斑,对于牙面色素的清理效率也高于超声波洁牙机,但其对牙结石的清除效果低于超声波洁牙机。

第五节 口腔消毒灭菌设备

医源性感染是感染的一种重要途径,因而手机的回吸和污染器械的消毒尤其重要。常用的方法有高温高压蒸汽灭菌法、干热灭菌法和化学灭菌法,实验证明,灭菌效果最理想的是高温高压蒸汽灭菌法。本节主要介绍高温压力蒸汽灭菌器。

现代高温压力蒸汽灭菌器具备以下特征：预真空、电子化,由微处理器控制；加热灭菌快速、可靠,具有多个消毒程序可选；数字显示消毒时间、温度和压力；设有灭菌效果监测和故障自检功能；有多重安全保护装置,包括安全排气阀及过热自动断电系统等；尚可外接打印机或电脑。

（一）结构与工作原理

高温压力蒸汽灭菌器由加热系统、抽真空系统、显示系统、微电子控制系统、自动安全保护系统、消毒仓及消毒盘等组成(图5-14)。

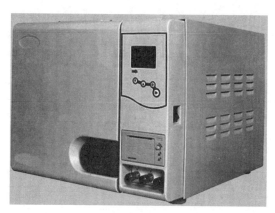

图 5-14 高温压力蒸汽灭菌器

高温压力蒸汽灭菌器的工作原理是应用有关温度、压力和容积的波-马定律，通过高温高压的蒸汽作为热传递的媒介，在预真空的消毒仓内，高温高压的蒸汽能够将热量快速传递到器械的各个部位，保证在最短的时间内杀死病原微生物（包括芽胞和病毒），达到消毒灭菌的目的。

（二）操作常规

1．准备工作

（1）清洗器械：现多采用清洗消毒机，可对空心器械如手机、三用枪等和实心器械进行清洗消毒，并有干燥功能。

（2）向水箱中加入蒸馏水，检查水箱无水指示灯是否熄灭。

（3）接通稳压电源，打开电源开关。程序指示灯和各步骤指示灯同时亮，表示电源已接通。

2．将需消毒物品放入消毒仓，自带包装的器械应将其塑料面朝下放置，器械必须分开放置在网盘上。网盘之间应留有一定距离。

3．选定合适的消毒程序，按下相应的程序按钮，程序即被选定，指示灯亮。

4．消毒结束指示灯亮，表示达到了理想的消毒效果。

5．打开消毒仓门，移走消毒物品，保持仓门开放以冷却消毒仓。

（三）维护保养

1．维护保养之前，应断开电源。

2．外部件应定期用浸有普通中性清洁剂的软布清洁，不能使用具有腐蚀性的清洁剂和粗糙织物。

3．每次消毒前，应检查硅橡胶密封圈和门盘的清洁度，并用湿布擦拭（禁用乙醇）。

4．常规维护

（1）每日清洁硅橡胶密封圈和门盘。

（2）每周清洁消毒仓、网盘、网盘支架和消毒器外部。

（3）每月用硅酮油或润滑剂润滑仓门的轴钉和门闩系统。

（4）每3个月至半年更换除菌过滤器。

（四）常见故障及处理

高温压力灭菌器的常见故障及处理见表5-6。

表5-6 高温压力灭菌器的常见故障及处理

故障现象	可能原因	处理
灭菌器无法使用	电源不通	接通电源
	电源保险丝熔断	更换同规格保险丝
新消毒周期不能启动	内部温度高于80℃	数字温度计显示低于80℃
打开电源仅数字温度器亮	控制板和电路连接错误	重新连接
注水指示灯持续亮	蒸馏水箱无水	向水箱中注入蒸馏水
	水面高度感受器故障	维修感受器
	电路板熔丝熔断	更换电路板熔丝
残余水排空指示灯持续亮	水箱溢满	排空残余水
	水面高度感受器故障	维修感受器
温度过热(>138℃),指示灯持续亮	周期开始时注水量不够	周期开始时注入足量水
	控制电磁阀故障	维修控制电磁阀
压力过高(>0.22MPa)	电子压力感受器故障	维修电子压力感受器
	加热继电器故障	维修加热继电器
仓门打开指示灯持续亮	微型门扣位置错误	维修微型门扣
	仓门未调好	维修仓门
灭菌器工作平台或周围地面溢水	消毒仓注水量多于程序设定值	检查除菌过滤器是否安装正确
	污物的积聚,导致门盘和硅橡胶密封圈之间出现缺损	用湿布清洁门盘和硅橡胶密封圈,重新启动
	机内水管断裂	维修水管
灭菌器没有干燥功能,打开仓门,仓内有水	灭菌器过滤器堵塞	维修过滤器
	灭菌器未放置水平位	检查并保持灭菌器水平位
	真空泵阻塞	维修真空泵
消毒物品上留有较多冷凝水	包装袋摆放错误	正确摆放消毒物品
	包装袋过大	
	摆放物品过多	
	灭菌器内部过滤器阻塞	更换过滤器
器械变黑	消毒温度程序选择错误	选择正确的消毒温度程序
消毒物品氧化或出现色斑	去离子水中混有化学物品	使用蒸馏水
	消毒物品未清洗干净	彻底清洗消毒物品
	不同类型材料接触污染	不同材料分开消毒

第六节 根管长度测量仪

根管长度测量仪又称根尖定位仪,是用于测量根管长度的工具(图5-15)。根据口腔黏膜与根管内插入的器械在到达根尖孔时,无论年龄、牙位,其电阻值几乎都为6500Ω的原理,制造了根管长度测量仪。

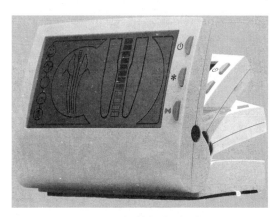

图 5-15 根管长度测量仪

（一）结构与工作原理

1. 结构 根管长度测量仪主要由主机、唇挂钩和夹持器组成。使用时夹持器与插入根管的器械相连,唇挂钩与口腔黏膜相连。

2. 工作原理 是用普通根管锉为探针来测量在使用两种不同频率时所得到的两个不相同的根管锉尖到口腔黏膜的阻抗值之差或比值。该差值在根管锉远离根尖孔时接近于零,当根管锉尖端到达根尖孔时该差值增至恒定的最大值。不同型号使用的双频率有所不同,有 1000Hz 与 5000Hz、400Hz 与 8000Hz、500Hz 与 1000Hz 等。在两个测量值中都含有误差,但在分析演算中误差可作为共同项消除。这样即使根管内含有血液、渗出液及药液等导电的溶液也可以得到正确的结果。此方法不适合用于极端干燥、出血、根尖孔呈扩大状态或有隐裂的根管,也不适用于冠部崩裂、金属冠与牙龈接触或正在进行治疗的根管。对带有心脏起搏器的患者,在没有咨询内科专家之前,不要使用此仪器。

（二）操作常规

1. 使用橡皮障隔湿或吹干,干燥待测牙表面,形成绝缘状态。将根管吸干后,向内注入适当的电解溶液(如生理盐水等),用棉球吸取多余的电解溶液。

2. 将测量仪一端连接带标记的扩孔钻,另一端带上口角夹子,置于待测牙对侧口角。测定时必须使用 ISO 15~20 号的扩大针,过细或过粗都会影响测量值的准确度。

3. 参照预先拍摄的 X 线片估计根管的长度。将连接好的扩孔钻缓缓插入待测牙的根管,这时仪器显示屏的指针根尖孔标记处偏移,同时发出警报声。当指针达到根尖孔时,标记好扩孔钻的长度。所测得的长度即为根管的长度。

（三）维护保养

1. 仪器应放置于稳固的台面上,避免强烈撞击及跌落损坏仪器;同时应避免高温、潮湿、粉尘及强磁场的环境。

2. 长期不使用仪器时,应将电池取出。

3. 禁止使用有机溶剂擦拭。

4. 不能与电子手术刀、牙髓诊断仪同时使用。

（四）常见故障及处理

根管长度测量仪的常见故障及处理见表 5-7。

表5-7　根管长度测量仪的常见故障及处理

故障现象	可能原因	处理
电源不通	电池未放入主机内	装入电池
	电池电量已消耗完	更换电池
	附属品夹子损伤	更换夹子
	管线断裂	更换管线
	主机故障	请专业维修人员检查
根尖孔不能正确测定	未进行正确测定根管前的准备	做好测定前的准备
	打开电源时指针未指向开始位置	请专业维修人员检查

第七节　口腔种植机

口腔种植机是用于口腔种植窝洞制备的口腔医疗设备。现代口腔种植机在微电脑控制下应用,选择合适的种植机及其配件是减少骨损伤,提高种植体与种植窝密合度的重要措施(图5-16)。

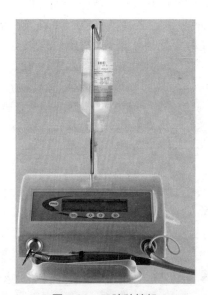

图5-16　口腔种植机

(一)结构与工作原理

1. 结构　由控制箱、马达手机、灭菌冷却系统等三部分组成。

(1)控制箱:由微电脑控制,主要由马达转速、变速手机选择键、转速、转向、流量、电源开关、指示灯、加速键、减速键等几部分组成。

(2)种植手机驱动马达:可无级调速,转速一般可从0调节到50 000r/min。

(3)手机:为相应马达可配备各种变速手机。

(4)冷却系统:由无菌生理盐水、蠕动泵、连接管组成。其降温方式可分为外冷式和内冷式两类。外冷式是将冷却水滴淋在刀具表面以降低切削温度;内冷式是将冷却水流过空心的切削刀具而降低切削温度。蠕动泵可对无菌生理盐水单项推出加压,使无菌生理盐水作用在手机上的切削刀具,降低切削温度,减少骨灼伤。

2.工作原理 主要是通过变速手机将马达的高转速转变为植入手术所需的转速,以获得较大的切削扭矩,再进一步通过调速电路在此范围内无极式地增加或减小转速,使种植窝骨面热损伤减至最小、种植窝精确成形。口腔种植机工作原理见图5-17。

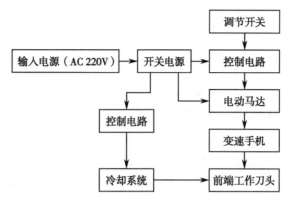

图 5-17　口腔种植机工作原理示意图

（二）操作常规

1.打开电源开关,液晶屏显示指示开关。

2.按马达速度选择键,选择所需的转速。

3.安装种植手机,选择所需的变速比。

4.根据显示,按确认键。

5.接无菌生理盐水。

6.选择相应种植体的切削刀具。

7.根据需要增加或减低转速。

（三）注意事项

1.各部件连接时应确认其连接标志一致。

2.改变参数时需重新设定。

3.改变马达旋转方向必须在停机状态进行,否则会损坏马达或其他部件。

4.所用无菌生理盐水必须是冷却的,防止术区温度过高造成骨坏死。

（四）维护保养

1.清洁与保养前应拔掉电源插头。

2.保持清洁,经常用干燥的布擦拭种植机。

3.马达、手机应定期维护(清洁和消毒)。

4.切削刀具应与手机相匹配,无偏心、粗钝现象出现。

5.各种不同功能的工作头应正确选配,及时消毒。

6.术中如应用各种类型的人造骨或人造骨粉时,注意正确选择各功能头。

7.功能头变钝时,应及时更换。

8.如应用微电脑控制的口腔种植机,应正确设定程序。

（五）常见故障及处理

口腔种植机的常见故障及处理见表5-8。

表 5-8 口腔种植机的常见故障及处理

故障现象	可能原因	处理
手机马达不启动	无电源	检查供电电源
	电源插头接触不好	插紧或更换插头
	保险丝熔断	更换保险丝
	参数设定错误	重新设定
无冷却水	无水	加水
	蠕动泵不工作	检修蠕动泵
	切削工具孔堵塞	疏通或更换切削工具
转速不稳	参数设定错误	重新设定
	手机故障	检修或更换手机
	马达故障	检修或更换马达
	手机马达连接不良	更换连接部分
电脑程序紊乱	参数确定错误	重新设定

第八节 口腔医学影像设备

口腔医学影像设备是利用 X 射线照射患者口腔疾病部位来获取相关的图像资料，以此作为诊断依据进行治疗的设备，主要包含口腔科 X 线机、全口牙位曲面体层 X 线机及口腔 X 射线计算机体层摄影设备（CBCT）。

一、口腔科 X 线机

口腔科 X 线机简称牙片机，是拍摄牙及其周围组织 X 线片的设备，主要用于拍摄牙片、根尖片、咬合片及𬌗翼片等，可用于牙体病、根尖病、牙周病的摄影检查（图 5-18）。

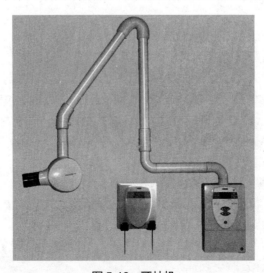

图 5-18 牙片机

口腔科 X 线机分为壁挂式、座式、便携式和附设与综合治疗牙片机四种类型，壁挂式常固定在墙壁上或悬吊在顶棚上；座式又分为可移动或不可移动型；便携式体积小，便于携带,适用于野外口腔临床诊疗需求。

口腔科 X 线机可分为两种,即普通口腔科 X 线机和数字化口腔科 X 线机。

(一)普通口腔科 X 线机

1. 结构　由组合机头、活动臂、控制系统组成。

(1)机头:也称为 X 射线发生器,包括 X 线管、变压器(高压变压器和灯丝加热变压器)、冷却油(也称为变压器油,是组合机头内的主要散热绝缘物质)。

(2)活动臂:由数个关节和底座组成。

(3)控制系统:是对 X 线管的 X 线产生量进行调节并能限时的控制系统。包括自耦变压器、继电器、保险丝、电源开关、毫安表、电压调节器和指示灯等。

(4)座椅:有固定在机架上的组合式座椅,也有添加的独立座椅。这种座椅结构简单,要求有头架,供拍摄 X 线片时支撑患者头部用。

牙片机的主要技术参数:①管电压:60～70kV;②管电流:10mA/0.5mA;③焦点:0.8mm×0.8mm/0.3mm×0.3mm。

2. 工作原理　牙片机的控制系统安装在控制台内,控制台面采用数码显示,控制台内装有电源电路,控制电路以及高压初级电路的自耦变压器、继电器、电阻等部件,电脑控制系统,按牙位键电脑可自动选择曝光时间。

3. 操作步骤

(1)接通外部电源。

(2)打开牙片机电源开关,绿色指示灯亮,调节电源电压到所需数值。

(3)根据拍摄部位,选择曝光时间,多为2～3秒钟,由曝光按钮控制。

(4)按要求放好胶片,X 线管对准投照部位后,开始曝光,口内摄影时,焦点至胶片距离一般为15～20cm。

(5)曝光完毕,将机头复位,冲洗胶片。

(6)下班前关闭牙片机电源开关,关闭外电源。

4. 注意事项

(1)X 线管在连续使用时应有一定的间歇冷却时间,约2～5分钟,管头表面温度应低于50℃,防止过热烧坏阳极靶面。

(2)使用机器时,应避免碰撞和振动。

(3)发现异常时,应立即停止工作,停机检查。

(4)口腔 X 线机必须放在干燥的环境中工作,以避免出现触电现象。

(5)口腔 X 线机应放置平稳,避免振动。

(6)应用前应保证有接地装置。

(7)维修时应有专业人员维修。

5. 维护保养

(1)在使用设备前,要了解设备性能,正确掌握操作方法。

(2)保持机器清洁和干燥。

(3)定期检查接地装置、摩擦部位导线的绝缘层,防止破损漏电。

(4)定期给活动开关部位加润滑油。

(5)定期校准管电流和管电压数值,调整各仪表的准确度。

(6)口腔 X 线机必须放在干燥、通风的环境中。

（7）口腔 X 线机应放置平稳，避免振动，搬运时严防碰撞。

（8）X 线摄影室要设铅防护板，医务人员要注意自我防护。

6. 常见故障及处理　口腔 X 线机的常见故障及处理见表 5-9。

表 5-9　口腔 X 线机常见故障及处理

故障现象	可能原因	处理
摄影时保险丝熔断	电路短路	检查各接线端及机头与主体的旋转部分有无短路
	自耦变压器故障	检查其输入及输出线
	机头部分故障	检修机头
毫安表无指示，无 X 线产生	接插元件接触不良	检查按钮、限时器、接插元件、保护装置
	高压初级电路故障	测量高压初级输出值有无异常
	高压发生器及 X 线管故障	检修机头，更换 X 线管
摄片时，胶片不感光	接触器故障，或接点有污物或簧片变形	消除接点污物，调整接点距离，更换簧片
	可控硅及控制部分故障	检修可控硅及控制部分
曝光时，机头内有异常响声	机头漏油，有气泡产生	加油后排气，密封漏油部位
	机头内有异物	清除机头内的异物
	冷却油被污染	更换冷却油
	高压变压器故障	检修或更换高压变压器

（二）数字化口腔科 X 线机

数字化口腔科 X 线机由口腔科 X 线机、射线传感器和计算机图像处理系统组成。该设备具有全数字化控制、射线量低、操作简单、诊断准确、便于应用等优点，可分为有线连接（数字化 CCD 系统）和无线连接（数字化影像版系统）两种。数字化影像技术的应用极大地扩展了口腔科 X 线片的诊断领域，提高了口腔临床诊断与治疗水平。

1. 结构

（1）有线连接（数字化 CCD 系统）：由传感器、光导纤维束、CCD 摄像头、图像处理板、计算机及打印系统组成。采用的是 RVG 数字图像处理系统。

（2）无线连接（数字化影像版系统）：由图像板、扫描仪组成，采用的是 DIGORA 数字图像处理系统。

2. 工作原理　数字化口腔 X 线机的工作原理见图 5-19。

3. 操作步骤

（1）接通电源。

（2）打开数字图像系统，打开口腔 X 线机开关，使电压稳定在所需数值。

（3）将传感器或图像板放入配置的小塑料袋后，置于口内所需拍摄的位置，选择相应的曝光时间。有线连接的直接在监视器上显示；无线连接的需将图像板放入扫描仪中进行扫描后显示。

（4）设定相应的编号，及时储存。

（5）拍摄完毕，关闭机器开关及外电源。

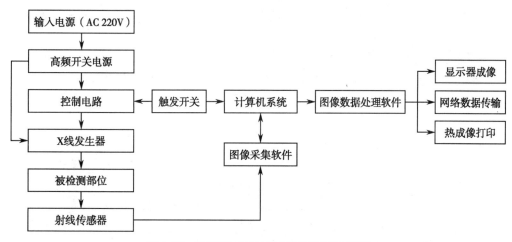

图 5-19　数字化口腔 X 线机工作原理示意图

4．注意事项

（1）小塑料袋为一次性使用，注意防止交叉感染。

（2）患者图像资料应及时存盘，以防丢失。

（3）操作时要轻柔，避免传感器的连接线断裂或损毁。

（4）出现故障应及时停止拍摄，请专业人员检查。

（5）保持机器的清洁和干燥，定期检查。

（6）口腔 X 线机必须放在干燥的环境中工作，以避免出现触电现象。

（7）口腔 X 线机应放置平稳，避免振动。

5．常见故障及处理　出现故障时应有专业人员检修。

二、全口牙位曲面体层 X 线机

全口牙位曲面体层 X 线机又称口腔曲面体层 X 线机、全景曲面体层 X 线机、曲面断层 X 线机，主要用于拍摄上下颌骨及牙列、颞下颌关节、上颌窦等。增设头颅固定仪，可做头影测量 X 线摄影，适合于口腔颌面部错𬌗畸形的临床诊治需求（图 5-20）。

图 5-20　全口牙位曲面体层 X 线机

89

根据不同原理,全口牙位曲面体层 X 线机可分为普通全口牙位曲面体层 X 线机和数字化全口牙位曲面体层 X 线机两种。

(一)普通全口牙位曲面体层 X 线机

主要用于拍摄上下颌骨,上下颌牙列,颞下颌关节,上颌窦等。近年,全口牙位曲面体层 X 线机增设了头颅固定仪,可做头影测量 X 线摄影。

1. 结构 由机头、电路系统、控制台、机械部分组成。

(1)机头:内装有 X 线管、高低压变压器、冷却油。

(2)电路系统:包括电源电路、控制电路、高压初级电路、灯丝变压器初级电路、高压次级电路、管电流测量电路以及曝光量自动控制电路。

(3)机械部分:包括头颅固定架、底盘、立柱、升降系统和头颅定位仪等。

(4)控制台:为电路控制和操作部分,其面板上有电源电压表、时间/电压调节器、程序调节、机器复位键、曝光开关等。

2. 工作原理 根据口腔颌面部下颌骨呈马蹄形的解剖特点,利用体层摄影和狭缝摄影原理设计的固定三轴连续转换曲面体层摄影。

3. 操作常规

(1)接通电源,调整电源电压至所需位置。

(2)选择曲面体层或定位限域挡板及选择钉,同时调整患者的体位。

(3)在控制台上调整管电压和曝光时间或选择自动挡。

(4)曝光结束,关闭电源。

4. 注意事项

(1)使用时应预热,连续使用应有一定的间隔时间。

(2)注意避免碰撞 X 线管。

(3)患者的手应扶住扶手杆,防止夹手。

(4)全口牙位曲面体层 X 线机需在干燥的环境中工作。

(5)全口牙位曲面体层 X 线机应放置平稳,避免振动。

(6)出现故障时应请专业人员检查修理。

5. 维护保养

(1)保持机器表面清洁。

(2)经常检查活动部件,加油或固定等。

(3)安全检查,主要检查接地装置。

(4)保证机器处于水平位置,使其运行平稳。

(5)保证双耳塞对位良好,发现错位及时调整。

(6)全口牙位曲面体层 X 线机需在干燥的环境中工作。

(7)出现故障时应请专业人员检查修理。

6. 常见故障及处理方法 该机器专业性强,如有故障需请专业人员检修。

(二)数字化全口牙位曲面体层 X 线机

数字化全口牙位曲面体层 X 线机在使用中用射线传感器替代传统的胶片,射线传感器将收集到的数据传输到计算机,通过专用的图像处理软件处理数据,图像可直接显示在计算机屏幕上,并可经网络将图像数据传输至医师工作站,如需胶片资料,可将图像数据传输至专用干式胶片打印机上打印,无需化学药水冲洗,成像快捷方便,扩大了诊断范围并提高了诊断能力。

1. 组成结构 由曲面体层 X 线机、传感器及计算机系统组成。

2. 操作步骤

(1) 接通电源,打开开关。

(2) 调整电源电压至所需位置,根据患者情况选择曝光时间。

(3) 调整体位。

(4) 在屏幕上根据需要选择不同的界面框。

(5) 将图像储存在计算机内。

(6) 操作完毕,关闭机器电源和外电源。

3. 数字化全口牙位曲面体层 X 线机的优点

(1) 可快速获得 X 线图像,提高诊断速度,明显减少患者的就诊时间。

(2) 无需胶片和暗室冲洗过程,有利于环境保护。

(3) 可极大降低辐射剂量。

(4) 扩大诊断范围,有利于疾病的准确诊断。

(5) 数据库和网络的建立,可达到资料共享和远程会诊的目的,资料的保存和查询更方便快捷。

4. 维护保养

(1) 保持机器的清洁和干燥。

(2) 定期检查机器的各部件。

(3) 严格按照操作规程操作。

(4) 图像资料应及时存盘,防止丢失。

(5) 数字化全口牙位曲面体层 X 线机需在干燥的环境中工作。

(6) 数字化全口牙位曲面体层 X 线机应放置平稳,避免振动。

5. 常见故障及其处理 如发生故障,及时请专业维修人员检修。

三、口腔 X 射线计算机体层摄影设备

口腔 X 射线计算机体层摄影设备(CBCT)又称为口腔颌面部 CT 或口腔 CT,是 X 线成像技术在口腔医学领域的最新应用(图 5-21)。与数字化全口牙位曲面体层 X 线机相比,在放射剂量相近的同时,该设备能提供更多的图像信息,它的出现将促进口腔医学水平的进一步发展。由口腔 X 射线计算机体层摄影设备输出的影像数据可满足诊断中对目标空间定位的需求,结合配套软件可进行术前计算机虚拟计划,提高手术的准确性、安全性。

图 5-21 口腔 X 线计算机体层摄影设备

(一)结构

口腔 X 射线计算机体层摄影设备由数字化曲面体层 X 线机、数字化传感器和计算机系统组成。

1. 数字化曲面体层 X 线机 其结构与普通全口牙位曲面体层 X 线机相同,包括球管、机械部分、电路系统、控制部分。

2. 数字化传感器 当系统进行 X 线曝光时,数字化传感器接收 X 线信号,通过计算机存储,曝光结束后再利用计算机重

建三维影像。

根据传感器的类型,数字化传感器可分为影像增强器和平板探测器。①影像增强器使用影像增强管汇聚加强影像,末端是 CCD 摄像机。这样较大面积的影像汇集到较小面积的 CCD 传感器上,可提高对比度和亮度,同时无需大面积的传感器,降低成本。它的优点是技术成熟、价格低廉,视野更大;缺点是体积大、图像有失真、寿命短、维护成本高。②平板探测器是近年来最新的传感器技术,直接收集影像信号;其优点是体积小、图像无失真、寿命长、易维护;缺点是价格昂贵,受价格制约,传感器面积不可能太大。

3. 计算机系统　口腔 X 射线计算机体层摄影设备配套的计算机系统一般包括影像重建工作站及影像数据存储服务器。

（二）工作原理

根据传感器的面积,口腔 X 射线计算机体层摄影设备又可分为大视野和小视野两类。小视野机型成像区域为若干颗牙齿至整个牙列,影像清晰,对比度高,细节突出;大视野机型的成像区域包括整个上下颌骨甚至半个头颅,影像质量比小视野机型略差,但视野大,影像亦可用于整形或颌面外科。现在小视野机型有向大视野发展的趋势,拍片的范围可达到 8cm×15cm。

口腔 X 射线计算机体层摄影设备成像原理是:球管发射的 X 射线为锥形体射线,传感器使用平面传感器,接收一个面的 X 线信号。经过一个圆周或半周扫描即可重建出整个目标体积的影像。它只需 180°～360°(视不同机型而定)扫描即可完成重建信息的收集。扫描时间一般小于 20 秒钟,依靠特殊的反投影算法重建出三维影像。

（三）操作步骤

1. 接通外部电源,打开口腔 X 射线计算机体层摄影设备电源,并启动影像重建工作站及影像数据存储服务器。

2. 启动影像数据存储服务器中的对应程序,并输入患者信息。

3. 设定相应投照程序,调整曝光参数。

4. 患者入位,根据不同机型有站立、坐姿及卧姿三种拍照方式。患者入位后,根据激光束对患者进行定位。

5. 可选预拍程序,预先拍摄正位及侧位二维投影片各一张,然后通过电脑端点击准确的目标区域对患者位置进行微调。

6. 曝光。

7. 电脑操作,重建三维影像,调整对比度和亮度,寻找目标区域并重新切片。随后可进行测量及标注工作。

8. 导出 DICOM 影像至本地存储或网络,启动种植、修复等软件模块对三维图像进行进一步的应用。

9. 操作结束,保存影像,关闭设备电源。

（四）口腔 X 射线计算机体层摄影设备的性能特点

1. 口腔 X 射线计算机体层摄影设备可以提供三维影像信息　与二维影像相比,三维影像带来的空间位置信息对诊断及手术分析提供了更有力的支持。医师可根据实际需要,在任意角度及位置重新切取体层切片图像,方便快捷,无需重新拍照。

2. 影像分辨率高　三维影像的体层切片清晰度及对比度远高于普通二维线性体层切片,解剖结构也更清晰;其分辨率一般都可达到或小于 0.15mm,远高于传统医学 CT(0.6mm),

影像更加细致。优秀的影像质量及高分辨率对诊断及学术研究提供了强大的支持。

3. 可结合相关软件进行术前虚拟计划,增加手术的成功几率。

4. 辐射剂量低 传统医学CT因扫描时间长,一次扫描辐射剂量大,达到1200～3300μSv。而口腔颌面部CT扫描仅十几秒钟、一次圆周或半周扫描即可得到三维影像,其放射剂量仅为十几到几十μSv,是传统CT辐射剂量的百分之一。

(五)维护保养注意事项

1. 保持设备的清洁和干燥。

2. 定期检查机器各部件。

3. 定期进行校准,影像增强器机型为每月进行一次,平板探测器机型为每年进行一次。

4. 严格按照操作规程操作,避免违章操作,以防设备损坏。

5. 影像资料定期备份,防止计算机系统问题导致数据的丢失。

6. 如发生故障,应及时请专业维修人员维修。

(六)常见故障及其处理

口腔X射线计算机体层摄影设备的常见故障及其处理与数字化全口牙位曲面体层X线机基本相同。

第九节 口腔激光治疗机

激光治疗机工作的基础是激光器。激光器主要由五个部分组成:激光工作物质、泵浦灯、聚光腔、光学谐振腔及冷却系统。

口腔激光治疗机是一种利用激光治疗口腔疾病的设备,主要用于去除龋坏牙体组织、牙体脱敏治疗、牙体漂白治疗、口腔软组织的切除和炎症的治疗等。与传统的口腔治疗方法相比,口腔激光治疗具有操作方便、精确度高、易于消毒、对牙髓和牙龈组织及口腔颌面部软组织的损伤较轻等特点(图5-22)。

图5-22 双波激光治疗仪

目前,激光治疗机的类型很多,包括He-Ne激光治疗机、CO_2激光治疗机、脉冲Nd:YAG口腔激光治疗机、Er-YAG激光治疗机以及半导体激光治疗机等。本节以常用的脉冲Nd:YAG口腔激光治疗机为例,介绍其结构和工作原理。

(一)结构与工作原理

1. 结构 传统的脉冲Nd:YAG口腔激光治疗机主要由脉冲激光电源、激光器、指示光源、导光系统、电脑自动控制与显示系统组成。

(1)脉冲激光电源:为一种电泵装置,由储能电容器和配套电路、双向控制开关组成。

(2)激光器:脉冲Nd:YAG口腔激光治疗机中的激光器是掺钕钇铝石榴石激光器,其中的工作物质是掺钕钇铝石榴石晶体。

(3)指示光源:通常采用He-Ne激光或红色的半导体激光作为指示光源。

(4)导光系统:是将激光束导于需治疗的部位,一般采用石英光纤作为导光系统,传输损耗小,能承受很高的激光功率。

(5)控制与显示系统:由控制键或旋钮、表头、相关电路组成。用于控制和显示激光治疗机的工作状态。另外还有计算机程序控制的脉冲Nd:YAG口腔激光治疗机,除有与传统型相同部件以外,还具有能量闭环监测系统、故障诊断及显示系统、安全互锁及报警装置。

2.工作原理 脉冲Nd:YAG口腔激光治疗机接通电源后,储能电容器充电,其充电电压达到预定值后,脉冲氙灯放电,氙灯产生的光能通过聚光灯反射,汇聚到激光晶体上,激光晶体吸收光能,产生粒子束反转,激光上能级的原子向激光下能级跃迁,产生激光信号,经过光学谐振腔的多次反射,通过激光晶体时产生受激辐射,光得到迅速放大,从输出镜输出激光,该激光通过聚焦透镜,汇聚耦合到光纤内,通过光纤的全内反射,传输到光纤末端输出激光,激光对被照射的组织产生热效应、压强效应、光化效应和电磁效应,从而达到治疗目的(图5-23)。

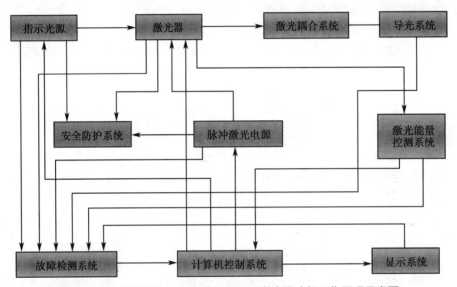

图5-23 计算机程序控制脉冲Nd:YAG激光治疗机工作原理示意图

(二)操作常规

本设备使用技术要求高,在使用之前,操作人员必须进行相关培训,必须认真阅读使用说明书,严格按照说明书的要求操作。

1.传统脉冲Nd:YAG口腔激光治疗机的操作常规

(1)接通电源,开启开关,启动预燃,氙灯处于预电离状态,相应指示灯亮。

(2)根据需要,旋转电压调节旋钮和频率调节旋钮至所需值。

(3)按下激光键,指示灯亮。

(4)踏下脚控开关,用像纸检测有无激光输出,有激光输出才可进行治疗。

(5)治疗时,医师和患者都应戴上激光防护镜,并让患者闭上眼睛。

(6)每治疗一位患者,都应将光纤末端受污染的部分用光纤刀去掉,进行消毒处理,晾干,以防交叉感染。

2.计算机控制的脉冲Nd:YAG口腔激光治疗机的操作常规

(1)接通电源,开启开关。

(2)启动冷却系统,自动预热,治疗机进行自动监测,确认正常后,进入待机状态。

（3）根据需要，设置脉冲频率和激光功率至所需值，确认后按下指示光键。

（4）将光纤末端对准患者待治疗的部位，用脚控控制开关来控制激光的输出，进行照射治疗。

（5）治疗完成后，按待机键进入待机状态，相应指示灯亮，再次使用时可重复上述步骤。

（6）关机前，先按待机键，后将开关旋至断开状态，切断电源，拔下电源钥匙，取下光纤，将光纤插头套上防尘帽，将激光窗口的防护盖拧上，将仪器罩套在治疗机上。

（三）注意事项

1. 激光治疗机为精密设备，应注意防振、防潮、防尘。

2. 检查光纤，确认无破损，中间无断裂。

3. 治疗机的工作区及防护装置的入口处应挂上相应的警告装置。

4. 应防止意外的镜面反射。

5. 操作者和患者应戴上防护眼镜，患者也可用湿纱布覆盖眼睛，拒绝他人旁观。

6. 使用时如遇到异常情况，应立即按下急停开关，关机，查明情况并正确处理后再开机。

7. 光纤末端工作时严禁指向人，不工作时，出口光路应低于人眼以下，避免误伤。

8. 严格按照临床验证的数据设定功率及频率，控制剂量。

9. 治疗时间间隔较长时，可将治疗时间置于待机状态或关机。

10. 严禁误踏脚控开关。

11. 要有自我及对他人的保护意识。

12. 使用激光时工作人员身上不宜存留金属物，比如钢笔等，注意眼睛不要直视激光输出口。

（四）维护保养

1. 保持室内环境和脉冲 Nd:YAG 口腔激光治疗机的清洁。

2. 光纤断面一定要保持干净，不用时套上防尘罩。

3. 光纤断面严禁触及它物，污染时严禁用嘴吹。

4. 光纤的使用和取放应轻拿轻放，保持自然松弛，以免折断和拉断。

6. 经常检查冷却系统，如有异常，及时维修，冷却水应用去离子水，并定期更换。

7. 注意保护各种连接线，严禁碾压。

8. 注意防振、防尘、防潮，避免损伤光学元件。

9. 长期不用时，要定期开机，通电以免机器损坏。

10. 定期全面检修。

（五）常见故障及处理

计算机控制的脉冲 Nd:YAG 口腔激光治疗机有自我诊断和故障提示功能，可对照检修。

传统的脉冲 Nd:YAG 口腔激光治疗机的常见故障及处理见表 5-10。

表 5-10　口腔激光治疗机的常见故障及处理

故障现象	可能原因	处理
打开电源开关，治疗机不工作	急停开关处于断开状态	旋转急停开关使其接通
	氙灯不预燃	关机后重新启动
	保险丝熔断	更换保险丝
	门开关处于断开状态	关紧门开关

续表

故障现象	可能原因	处理
冷却水漏水	水管老化	更换水管
	水泵漏水	更换水泵
光纤末端激光输出功率下降	光纤激光输入端面污染	清洗光纤激光输入端面
	光纤末端污染	切除污染部分
	端面被破坏	更换光纤
	激光与光纤耦合的焦点偏移	调整相应光路
	氙灯老化	更换氙灯
	激光晶体内形成色心	更换激光晶体
激光器有光纤输出,光纤末端无输出	光纤中间折断或激光耦合端面被烧坏	更换光纤
	激光耦合的焦点完全偏移	调整相应光路
	激光键未按下	按下激光键
氙灯已预燃,但无弧光放电	脚控开关未接好	重新接好
	激光电源或控制电路有故障	检修相应电路

 小知识

理论与实践:激光治疗仪在口腔科中的应用

在牙周病治疗中可以降低实施翻瓣手术的几率,降低患者创伤,免除麻醉和缝合的过程,缩短恢复期;在牙龈成形术中,实现微米级安全而快速的切割而不出血,术后不需要缝合,患者的痊愈速度比非激光手术快 3~6 倍;激光在龋病治疗中,具有高度的选择性和精确性,可彻底去除龋坏的牙体组织而不会导致意外穿髓;在根管治疗中,可实现深层杀菌,彻底荡洗到侧支根管,可实现一次充填,减少患者复诊次数;在修复治疗中,进行牙龈成形和牙龈美学处理时,采用激光情况下不需要麻醉,术中出血少,代替止血剂和排龈线,降低了临床风险,提高了治疗效果。

 小结

本章着重介绍了口腔常见的医疗设备,教师可通过对该章节医疗设备原理、操作及维护保养的讲解,让学生掌握、熟悉和了解不同设备的临床应用和操作内容。特别是口腔修复工艺专业学生,要掌握口腔综合治疗机的工作原理及使用方法;熟悉光固化机、超声波洁牙机、根管治疗设备等的工作原理,学会维护和初步保养知识;对其他内容也应有相应的了解。通过理论学习掌握其相关的原理,经过实训掌握其操作,巩固所学专业知识,达到学有所用,学有所长的目的。

(杨海青)

 练习题

1. 口腔综合治疗机的操作常规是什么?

2．口腔综合治疗机的常见故障及其处理有哪些？

3．高温压力蒸汽灭菌器的优点有哪些？

4．超声波洁牙机的操作常规有哪些？

第六章 口腔设备管理

 学习目标

1. 掌握：口腔设备应用管理的原则。
2. 熟悉：口腔设备管理的意义。
3. 了解：口腔设备如何进行配备管理及口腔设备维护的内容。

现在国际上已经把设备管理学作为一门新兴的边缘学科，英国称其为"设备综合工程学"。设备管理学并非纯管理学科，而是将管理学理论与设备相关的技术知识结合起来的一门学科，既包括自然科学，又包括社会科学；它是以设备作为研究对象的，主要以提高设备使用效率为目的的综合性学科。

口腔设备包括口腔工艺设备和口腔医疗设备。口腔设备是口腔医学和口腔医学技术工作的基础，只有合理、科学地管理口腔设备，才能发挥出口腔设备的最大效能。

第一节 口腔设备管理概述

一、口腔设备管理的意义

1. 口腔医学是一门实践性很强的学科，每一项口腔医疗技术的产生和革新都离不开口腔设备的发明和更新，随着科学技术的发展，各种先进的口腔设备也涌现出来，并投入到临床使用，推动了口腔医学事业的大幅度前进。口腔医学的发展依赖于口腔设备的合理使用和良好功能的发挥，口腔设备是口腔医学事业发展的必要的物质基础，加强和完善口腔设备管理是口腔医学事业发展的必要条件。因此，要充分重视口腔设备的管理。

2. 口腔设备的价值除了在口腔医学事业的发展过程中有所体现以外，在日常工作生活中也发挥了巨大作用。加强口腔设备的管理是提高口腔医疗机构经济效益的保障，因此，要加强口腔设备的管理及合理布局，不断提高口腔设备的使用率和完好率。

3. 目前口腔设备管理的完善程度，是评价一个口腔医疗机构现代化的重要标志；是否正确地选择和使用口腔医疗设备、实行科学化管理，可侧面衡量一个医疗机构的实力。现代口腔设备种类繁多、精密度高、价格昂贵、使用维修专业化，且对使用环境要求高，使用更新快，这众多特点要求我们重视口腔设备的管理。目前口腔设备的管理要通过一系列手段，有组织、有计划、有指导地去实施。

二、口腔设备管理的任务和内容

（一）口腔设备管理的任务

口腔设备管理的任务是以保证医疗、教学、科研工作正常进行为宗旨，提供最优质的技术装备，加速周转，降低费用，提高口腔设备流通的经济效益和社会效益。具体任务有以下方面：

1. 建立管理机构，进行合理分工、组织协调控制，运用现代化管理技术和方法，提高口腔设备管理的科学性。

2. 进行市场调研，为口腔医疗机构选择合理的医疗设备，遵循既要经济实用，又能满足医疗、教学、科研工作需求的原则。

3. 建立相关的管理规章制度，并监督各项规章制度的实施，使管理工作落到实处。

4. 对设备的使用情况要进行日常监管，避免闲置，减少不必要的浪费，充分提高各种设备的利用率，发挥其最大的经济效益和社会效益。

5. 做好日常设备的维修和保养，使口腔设备处于良好的运行状态。

6. 为口腔设备的经济投入和经济回报设定合理的管理办法。

（二）口腔设备管理的内容

包括口腔设备运动全过程的管理，存在着两种运动形态：一是口腔设备的物质运动形态，包括设备的选购、验收、安装、调试、使用、保养、维修、改造和报废等；二是口腔设备的价值运动形态，包括设备的资金筹集、经费预算、财务管理、成本分析及经济核算等。因此，口腔设备管理是物质运动形态和价值运动形态的结合，既是经济工作，又是技术工作，是技术和经济相结合的工作。

三、口腔设备管理的机构和系统

建立组织机构是实现管理目标的组织保证。要完善地进行口腔医疗设备的管理需要一个专门的组织机构，由专业的管理人群组成，在医护人员和技术人员的合作下，在部门领导的指挥和协调下，完成对口腔医疗设备的各项管理。

口腔医院（医学院）设备管理机构应按设备运动的全过程，抓住计划管理、装备管理、使用管理和维修管理四个环节，依靠医护人员、工程技术人员和行政管理人员通力协作，这样构成口腔设备管理系统。

鉴于设备是进行医疗"生产"与服务的工具，又具有商品的价值，有的医院建立了"仪器设备服务中心"，一方面为口腔医院（医学院）教学、医疗、科研服务；另一方面也可以对外进行经营服务。中心的任务是：负责口腔医院（医学院）设备的装备、应用和维修管理，对外经营和维修服务，培训维修人员，承担教学任务等。

第二节　口腔设备的配备管理

一、口腔设备配备的原则

在为一个口腔医疗机构进行设备的采购、配备时，要遵循两个基本原则：经济原则和实用原则。

（一）经济原则

经济原则指口腔医疗设备的配备要符合经济规律要求，要按照客观经济规律，结合口腔医疗设备的特点，考虑本医疗机构的具体情况，有计划、有组织地客观地选择和评价，力求在满足医疗工作的前提下，以最少的成本获得最大的效益。

1. 注意避免设备的重复购置，以免浪费。

2. 在选择设备时，应在质量性能符合要求时，优先考虑国产品牌。既可以降低成本、节省外汇，又方便维修。

3. 在引进国外的设备和技术时，应避免引进淘汰或过时的产品。

4. 对已有设备，应加强维修，延长其使用寿命，力求节约。

5. 在初期采购时，利用核算招标的方法，充分考虑产品的各项性能，在保证功能的前提下，力求降低设备的初始投资。

6. 在价格和性能同等的情况下，要尽量选择使用寿命长的设备。

7. 注意节约能源，选择能耗少的设备。

8. 考虑环保因素，选择有环境防护装置的设备。

9. 选择易于维修和维修费用低的设备，要配备有完整的设备资料及维修指南等。

10. 选择符合实际需求的使用制度，提高设备的利用效率。

（二）实用原则

1. 结合单位的实际，从需要出发，按轻重缓急，逐步充实配套，分期分批地更新设备。

2. 优先考虑常规设备，其次考虑高、精、尖设备，满足需要即可。

3. 为提高医疗、科研、教学水平需要引进相关设备时，要以提高技术精度和先进技术的设备为主。

4. 引进大型装备时，勿急于引进多功能的大型设备，所需功能符合要求即可，否则维修保养难度大，对设备不利。

5. 设备的安置布局要合理，对一些优势科室，应优先装备专科设备和发展性设备。

二、口腔设备的配备评价

（一）口腔设备的配备

口腔设备的配备是口腔设备管理的第一环节，它对于新建医院的基本装备和原有设备的更新十分重要。配备设备应考虑以下因素：

1. 依据　配备口腔设备应以医院的发展规划和财务预算为依据。

2. 需求评估　配备口腔设备应考虑设备购置的合理性和迫切性。对大型贵重的设备购置应依据相应的法规进行论证。

3. 可能性　配备口腔设备的可能性主要指资金来源、引进设备所需资金及外汇额度是否落实。在落实资金时，应考虑设备的总费用，除购置费用外，还有维持费和有关费用，如材料和试剂费等。

4. 条件　配备口腔设备的条件是指设备的安装、使用、保养和维修的技术力量。装备空间或场地，以及水源和电源供应等。

5. 技术评估　配备口腔设备的技术评估是指该设备的成本效益、性能、可靠性及其临床使用功能、特点、自动化程度、准确性、精密度等一系列技术参数，还要考虑其精密度和准确度的保持性及零配件的耐用性等。

6. 选型　配备口腔设备应在充分调查了解信息的基础上进行。选型中要考虑以下因素：①首先考虑是否国内生产，质量如何；②如要引进设备，应比较各厂家同类产品，衡量其性能、质量与价格，选择性价比优的设备；③选择厂家直销公司，减少代理商所增加的费用，维修方便；④数字化医疗设备多由软件支持，应考虑软件升级功能，以保证设备运行的可连续性、扩展和升级。

7. 维修性　维修性好的设备一般结构简单，零部件组合合理。要选购易于维修，且维修费用少的设备，还要考虑设备配件获得的难易程度及维修成本。

（二）口腔设备的评价

对口腔设备的评价主要指选购设备在应用阶段的社会效益和经济效益评价。可从以下两个方面进行评价：

1. 社会效益评价　包括评价设备购回后是否能充分发挥其功能，是否合理，是否有助于"技术精度"和专业医疗水平的提高，是否有利于学科发展、学术水平和教学质量的提高。

2. 经济效益评价　可采用设备投资回收期进行评价。计算方法如下：

设备投资回收期（年）＝设备投资总额／（每年工作日数×每日工作次数×每次收费金额）－成本

从上式中可见，回收期越短，投资的效果越好。由于科学技术的发展，设备更新的速度较快，对设备的回收期也应相应缩短。

第三节　口腔设备的应用管理

口腔设备的应用管理是指口腔设备从验收、安装调试、日常使用、维修保养、发挥效益、设备降级和报废淘汰等全过程的管理，这个过程的管理是否良好直接关系医疗、教学、科研工作的质量和水平，直接影响着口腔设备的效益发挥，是设备管理中最重要的环节。

一、口腔设备应用管理的目的和内容

1. 观察总结口腔设备日常的使用情况，总结和研究口腔设备在使用过程中的运行规律，制定出合理的规章制度和实际有效的管理方式，使口腔设备最大限度地发挥社会效益和经济效益，探索产生最好价值的管理方法。

2. 做好财务预算，做到账目清楚、技术档案完备、各项制度齐全等基础性管理。

3. 具备正确的使用操作方法，及时保养和维修，定期对各项技术指标进行检测和校对，合理地对设备进行改造和研发，要有专业的技术型人才。

4. 对本机构设备使用所产生的效益和成本核算等问题要有专业分析和真实的结果，要实事求是。

5. 对各个部门的工作要统一管理，统一安排，互相沟通，经常总结交流工作，向大家通报近期最新信息。

二、口腔设备应用管理的原则

（一）完好性原则

1. 在口腔设备的正常使用过程中，要具备完好的性能，即设备本身要构成完备，零部件齐全，有完整的技术资料，在运行过程中又有良好的工作环境，有完善的保管和维修，设备不发生损坏；在整个运行过程中，各项技术指标如准确度、精度、分辨率和耐用性等要能达到规定的范围，能满足医疗的正常使用。设备的完好性原则是应用管理的最基本要求。

2. 满足完好性原则　要做到以下几点：

（1）具备开展正常工作的条件，保证设备电源、水源、气源等的供应，有适当的工作场所。比如有的设备需要用去离子水，有稳定的供水或制水设备；有干净的环境，有良好的通风除尘设施。

（2）有正确操作设备的技术人员，除正常使用外，会保养和维修，及时排除设备故障，保证设备常规运转。

（3）针对不同的设备，制订出相对应的管理制度，做好使用登记，明确操作人员的职责范围。

（4）设备出现故障需要更换零部件时，不能拖延，否则会造成更大的损失。

3. 设备是否完好可通过完好率来反映　可按下列公式计算：

仪器设备总完好率 = 达到完好指标的设备总数 / 仪器设备总台数 × 100%

单台仪器设备完好率 = （1 - 年故障机数 / 额定工作时数）× 100%

1995 年国家卫生计生委（原卫生部）规定完好率在 95% 以上为合格。

4. 设备具备完好性的表现

（1）设备性能良好，运转正常。

（2）原来购入的部件及后来添加的部件都齐全，而且能正常使用。

（3）设备腐蚀和磨损程度不超过规定指标。

（4）相关技术资料比如说明书、设备工作原理图、维修手册等完整。

（5）有完整的使用记录，记录内容齐全。

（6）有严格的操作规程，由专人负责管理。

（二）效益性原则

口腔设备使用效益包括在使用过程中产生的经济效益和社会效益。产生效益的大小取决于设备的使用状态，在评价设备的效益时，要从以下几个方面考虑：

1. 使用率　就是设备的实际工作时间与额定工作时间的比值。可按年计算，也可按月计算，可计算一台设备的使用率，也可计算所有设备的使用率。可按以下公式计算：

一台设备的使用率 = 实际工作时间 / 额定工作时间 × 100%

平均使用率 = 所有设备的实际工作时间总和 / 设备数目 × 100%

通过使用率的计算可以大致推测设备的使用效益，但由于在设备使用过程中，除了使用时间外，设备的消耗情况，比如耗电、耗水、耗气等都会影响设备的使用效益，所以，使用率虽有一定的观测价值，但不全面。

2. 总效能　可按下列公式计算：

设备的总效能 = （运行设备数 / 设备总数）× 设备的平均使用率

从这个公式可以看出，闲置的设备数目越多，设备的总效能越低，设备的总效能与运行设备数和设备的平均使用率成正比。因此，为了提高经济效益，要按照需要采购设备，采购适合自己单位使用的设备。要想方设法地提高设备的使用率，降低成本，才能达到经济效益的最大化。

3. 社会效益参考指标　医疗诊治设备的社会效益，主要反映检验和治疗的病例数。可按下列公式计算：

单台设备每年诊治的病例数＝每台设备每日诊治的病例数×22（日）×12（月）

单位所有设备每年诊治的病例数＝每日所有的设备诊治的病例数之和

教学用设备的社会效益主要反映在每年学校进行的试验次数、每年接受试验的学生总人数、每年学生做出的课题总数等；科研用设备的社会效益主要反映在每年在各类期刊上发表的文章数、内部交流的科研论文数或各级各类科研成果及论文数等。

（三）经济性原则

经济性原则是将从设备的最初选择、采购、安装、使用及后期维修保养，都要采取经济核算制，要符合市场经济的规律，通过经济核算，有计划地综合考虑，可以提高设备的经济效益，缩短设备投资回收期。

符合经济性原则要做到以下几点：

1．根据经济适用的原则，合理编排设备计划，合理利用有限的资金。

2．按照年度规划、教育科研的需要、医院资金规划等合理有效地安排分配设备，使设备充分发挥其效益。

3．在不影响功能及科研医疗需要的情况下，尽量减少资金投入，避免能源浪费，压缩日常成本消耗，提高设备利用率。

4．加强设备的财物和审计管理，做到记录准确、全面。

5．安排具有专业知识的财务核算人员进行核算。

6．定期总结成本与收益，总结实际经验，制订更合理的管理方法。

三、口腔设备应用管理的常用方法

口腔设备管理的常用方法可根据每个单位实际情况自行制定，这里提供一些方法供参考。

1．管理卡　使用灵活、方便，便于分类。是一种设备管理的常用形式，卡上有管理者和使用者的签名，每台设备可根据实际情况设置多张管理卡，分别由不同的人员保存，责任落实到人。

2．管理账　将所有设备统一入册，统一制定账目，内容要全面，包括设备名称、型号、生产厂家、购入价格、购入时间、库存编号、维修事宜、保管人员等。将整个账目存入计算机，便于查找。

3．技术档案　将设备的产品使用手册、维修手册、工作原理线路图、质量合格证、保养制度、许可证、保险单等妥善保存。

4．管理制度　可参照国家卫生计生委（原卫生部）颁布的《卫生事业单位固定资产管理办法》，具体结合本单位实际情况实施。

主要内容可包括以下条目：

（1）计划编制与审批制度。

（2）采购、验收及仓库管理制度。

（3）设备技术档案制度。

（4）设备性能精确度鉴定制度。

（5）设备仪器使用操作规程。

（6）设备维护、保养、维修制度。

（7）技术安全制度。

（8）事故处理制度。

(9) 设备的领用、赔偿、报废制度。

(10) 设备操作及维修人员考核制度。

5. 计算机在口腔设备管理中的应用 随着科学技术的进步,计算机已应用到各行各业,在管理工作中使用计算机,可减少人力物力的浪费,具有速度快、效率高、便于更改、记录结果便于查找等优点。现代化的医疗科研机构已全面推行管理计算机化、无纸化。

通过计算机参与到管理工作中,加上计算机网络的联系,各个部门可将好的有益的管理经验互相交流共享,有利于共同进步。

第四节 口腔设备的维护管理

一、口腔设备维护的意义

设备使用一段时间以后,由于磨损、腐蚀、压力、重力等作用,其精确度和强度会有所降低,个别零部件也会变形,甚至松动脱落,元件变得老化,工作效能受到影响,工作效率会因此降低,所以应定期检查设备,及时进行维护保养,使设备的正常功能保持和恢复,尽可能延长设备的使用时间,提高设备的使用率。

口腔设备的使用主要以医疗工作为主,如果设备的正常功能受到破坏,将直接影响临床患者的利益;教学科研机构的设备发生故障将直接影响教学科研的进度和效果,因此,为了保证医疗、科研、教学工作正常有序的进行,要充分重视设备维护保养的重要性。

二、口腔设备维护的内容

口腔设备的维护包括维护保养和修理两方面内容。

1. 设备的维护保养 即为防止设备性能退化或降低装备失效的概率,按事前规定的计划或相应技术条件规定,及时发现和处理脏、松、缺、漏等情况,预防设备运行过程中出现不正常的状态,以保证设备的正常运行,也称为预防性维修。

(1) 日常保养:又称为例行保养,主要指工作环境的清扫、工作环境湿度及温度的调节,整理工作环境,对设备外表面的清洁。设备螺丝的紧固,零件的检查,润滑油的加注。比如手机,每日使用后要清洗,使用前要加注润滑油。日常保养比较简单,可由设备操作人员和保养人员完成。

(2) 一级保养:指对设备内部的清洗、润滑、局部解体检查和调整,电源的检查,设备各种指标、灵敏度的测试等。一级保养应由专业保养人员完成。

(3) 二级保养:包括对设备主体部件进行解体检查和调整,检查过程更详细,更换易损或破损部件。二级保养接近于修理,故也称预防性修理,每季度一次,应由专业保养人员和修理人员共同完成。

2. 口腔设备的修理 是指设备出现故障或预测将要出现故障时,修复或更换已经磨损或损坏的零件,以恢复其应有的技术状态和功能。设备的修理应由专业修理人员完成。

(1) 小修理:只进行局部性的修理,通常只是更换和修复几个少量的部件,或调整设备的精度或部分结构。

(2) 中修理:根据设备使用的情况,对设备的主要部件进行修理,更换的零部件数目较多,校正恢复设备的准确度、精度,保证设备运行时达到规定的标准,功能达到完全正常。

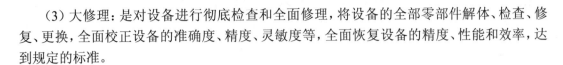

（3）大修理：是对设备进行彻底检查和全面修理，将设备的全部零部件解体、检查、修复、更换，全面校正设备的准确度、精度、灵敏度等，全面恢复设备的精度、性能和效率，达到规定的标准。

三、口腔设备维护的评估

口腔设备维护保养和修理的效果如何，可通过两个方面衡量评估：一是设备的技术状态良好；二是维修和管理付出的代价最少。建立和考核设备维修管理的技术和经济指标，对提高维修管理水平和技术水平，稳定维修技术队伍具有重要意义，这些技术、经济指标可作为维修人员的考核参考。设备技术状况常分为四级见表6-1。

表6-1　常见设备分级情况

分级	性能	运转	零部件	仪表指示系统
设备完好	良好	正常	齐全	正常
设备基本完好	主要性能良好	基本正常	主要部件齐全	正常
设备情况不良	主要性能良好	经常出现故障或使用受到影响	主要部件齐全	某种程度失调
报废或待报废	主要性能故障	不能正常运转或经常出现较大故障	主要部件齐全	失调

根据设备分级情况，可计算出医院设备的完好率，按以下公式计算：

完好率＝功能完好和基本完好的台数/总台数×100%

 小结

本章通过对口腔设备管理相关内容的叙述，阐明了口腔设备管理的意义、管理的任务和内容；口腔设备的配备管理；口腔设备的应用管理；口腔设备的维护管理等。通过学习本章内容，学生要能够熟悉、了解有关口腔设备管理的知识，为以后从事口腔医学相关工作打下基础；同时，口腔设备的管理知识也能够为口腔临床工作者提供一定的知识借鉴，具有较强的实用性和可操作性。

（李新春）

 练习题

1. 口腔设备管理的任务和内容有哪些？
2. 口腔设备的配备原则是什么？
3. 口腔设备应用管理的原则是什么？
4. 口腔设备维修的内容有哪些？

105

附录：实训指导

实训一　切割、打磨及抛光设备的操作与维护

【目的和要求】

1. 掌握技工切割打磨设备的操作规程。

2. 熟悉技工切割打磨设备的组成。

3. 了解技工打磨设备的工作原理和维护。

【实训内容】

1. 技工打磨机的操作和维护。

2. 技工用抛磨机的操作和维护。

3. 模型修整机的操作和维护。

4. 金属切割打磨机的操作和维护。

【实训学时】　2 学时

【实训设备及用品】

技工打磨机、技工用抛磨机、模型修整机、金属切割打磨机、手机清洗润滑剂、润滑油、洗涤剂、水、液压油。

【方法、步骤及维修示教】

1. 技工打磨机　是口腔技工室最基本的设备之一。可用于口腔修复时义齿的打磨、修改和抛光，也可用于口腔内科的牙体洞形制备和修复治疗时牙体预备等。

（1）教师讲解设备的原理、操作及维修。

（2）同学自行练习。

2. 技工用抛磨机　为口腔技工室常用设备，用于铸件、义齿等的抛光打磨，转速较高。

（1）教师讲解设备的原理、操作及维修。

（2）同学自行练习。

3. 模型修整机　又称石膏打磨机，是口腔修复技工室修整石膏模型的专用设备。

（1）教师讲解设备的原理、操作及维修。

（2）同学自行练习。

4. 金属打磨切割机　用于金属铸件的切割和义齿的打磨、抛光等。

（1）教师讲解设备的原理、操作及维修。

（2）同学自行练习。

【注意事项】

1. 实训课前应认真预习实训内容。

2.设备的操作应该在专业教师的指导下进行，注意安全。

3.操作要按照程序进行，动作应轻柔。

4.实训结束要注意保养设备，养成习惯。

（蒲小猛）

实训二　铸造烤瓷设备的操作与维护

【目的和要求】

1.掌握铸造烤瓷设备的操作规程。

2.熟悉铸造烤瓷设备的工作原理。

3.了解铸造烤瓷设备的维护。

【实训内容】

1.烤瓷炉的操作和维护。

2.铸造机的操作和维护。

3.喷砂机的操作和维护。

4.箱形电阻炉的操作和维护。

5.超声波清洗机的操作和维护。

【实训学时】　2学时

【实训设备及用品】

烤瓷炉、铸造机、喷砂机、箱形电阻炉、超声波清洗机。

【方法、步骤及维修示教】

1.烤瓷炉　是口腔修复科的重要设备之一，主要用于金属烤瓷熔附全冠外部瓷层的烧结。常用烤瓷炉从外形分卧式和立式两类，立式应用较广，现在烤瓷炉大多具有真空功能，所以又称真空烤瓷炉。

（1）教师讲解设备的原理、操作及维修。

（2）同学自行练习。

2.铸造机　是口腔修复科的必需设备，用于各类活动义齿支架、嵌体、冠和固定义齿的铸件制作。

（1）教师讲解设备的原理、操作及维修。

（2）同学自行练习。

3.喷砂机　又叫喷砂抛光机，是利用压缩空气将砂粒喷射到金属修复体的表面，达到磨光的效果。喷砂用的砂粒为锐角状金刚砂和球状玻璃体，前者多用于去除铸件表面的氧化膜，后者较易获得磨光效果。

（1）教师讲解设备的原理、操作及维修。

（2）同学自行练习。

4.箱形电阻炉　又称为预热炉或茂福炉，主要用于口腔修复中铸造模型的去蜡及预热。

（1）教师讲解设备的原理、操作及维修。

（2）同学自行练习。

5.超声波清洗机　是利用超声产生振荡，对口腔修复体表面进行清洗，主要用于烤瓷、烤塑金属冠等形状复杂且精密度高的铸件的清洗。

（1）教师讲解设备的原理、操作及维修。

（2）同学自行练习。

【注意事项】

1. 实训课前要预习实训内容，掌握操作程序。

2. 学生要在老师指导下进行操作，切忌盲目。

3. 操作要规范，动作要轻柔。

4. 实训结束要注意设备的维护和保养。

（王　琦）

实训三　其他口腔工艺设备的操作与维护

【目的和要求】

1. 掌握口腔多功能技工台和技工振荡器的操作规程。

2. 熟悉多功能技工台、技工振荡器的原理及维护。

3. 了解焊接设备（口腔科点焊机和激光焊接机）、口腔科吸塑成形机的操作与维护。

【实训内容】

1. 多功能技工台的操作及维护。

2. 口腔科点焊机的操作及维护。

3. 激光焊接机的操作及维护。

4. 技工振荡器的操作及维护。

5. 口腔科吸塑成形机的操作及维护。

【实训学时】　2学时

【实训设备及用品】

口腔多功能技工台、微型电动打磨手机；技工振荡器、印模、石膏、调拌刀、橡胶调拌碗；口腔科点焊机、不锈钢丝、焊接剂（焊媒）、细砂纸；激光焊接机；口腔科吸塑成形机、吸塑用高分子薄膜、超硬石膏模型等。

【方法、步骤及维修示教】

1. 口腔多功能技工台的操作与维护

（1）认识多功能技工台的结构：桌体、照明系统、托板扶手/肘托、吸尘系统、气枪、储物抽屉、废物箱、电源插座、微型电动打磨手机、煤气灯。

（2）多功能技工台的操作

1）接通电源。

2）安放、取下托板扶手/肘托。

3）安放、取下吸尘系统接口、挡尘板。

4）打开电源总开关、吸尘器开关、打磨机开关。

5）设定吸尘系统的工作方式（与打磨手机联动、膝控）、吸尘功率大小。

6）微型打磨手机与桌体一体化设计的技工台，桌体控制面板上有微型打磨手机的电源开关、启动开关、调控（如打磨速度或方向）按钮或旋钮。

7）打开照明灯，调节光线投射位置及角度。

8）气枪的使用：气枪多为橡胶质；未受力变形时，气枪内部阀门关闭；按压气枪中份使之轻微变形,则有压缩空气溢出,变形越大,气体流量越大。

9）煤气管的开关及调节。

10）使用完毕后,依此关闭煤气阀、照明灯、打磨机开关、吸尘器开关以及电源总开关。

（3）口腔多功能技工台的维护保养

1）保持桌面的整洁,及时清理废物抽屉。

2）保持吸尘系统通畅,定期清理吸尘袋、吸尘滤芯,定期检修吸尘器。

3）照明灯不要调节过低,以免撞击。

4）拉出笔式气枪及按压气枪时,注意不要用暴力,以免将连线拉断。

5）微型打磨手机连线的长度一般不超过距离地面的距离,并且调节后应固定稳固,这样可避免手机不慎摔落地面。

6）每天要注意关闭煤气开关及总阀,定期检修煤气管线。

（4）学生按照教师的示教要求自己动手操作。

2．口腔科点焊机的操作及维护

（1）认识口腔科点焊机的结构：控制面板（电源开关、电压调节旋钮、电压表、焊接启动按钮、脚控开关）,活动按板,电极,电极座。

（2）口腔科点焊机的操作

1）设备放置在平稳处,电源电压符合设备要求。

2）选择并检查电极,如有氧化现象,可用细砂纸轻轻磨光。

3）打开电源开关,调节焊接电压。

4）按下按板,将焊件放入两电极间,焊点与上下电极接触,缓慢松开按板,使电极夹住工件,调整电极对焊件的压力。

5）按下焊接按钮或踩下脚控开关,开始焊接。

6）焊接完成后,取下焊件。

7）断开电源,将电极转至非定位位置。

（3）口腔科点焊机的维护

1）口腔科点焊机应放置于平稳、干燥处。

2）不使用时应断开电源,将电极转至非定位位置,以免损坏电极。

3）应将储能电容放电后再进行设备检测,避免触电。

4）平时注意保持设备清洁。

（4）学生按照教师的示教要求自己动手操作。

3．激光焊接机的操作与维护

（1）认识激光焊接机的结构：脉冲激光电源、激光器、工作室和控制显示系统。

（2）激光焊接机的操作

1）在进行工件加工之前,首先检查电源、水源以及氩气瓶气量。

2）打开主机电源、水源,根据加工材料调节工作电压。

3）调整激光头,并且调整氩气吹入喷嘴与焊接区的距离在 1.5～2.0cm,气流 8L/min。

4）通过控制系统,在计算机上选定预设的加工程序,并设定加工速度。

5）将焊接件放入工作室并固定,关闭工作室,通过光学观测装置观测,按下开始按键,开始进行焊接。

6）焊接结束,关闭电源、水源、氩气瓶。

（3）激光焊接机的维护

1）设备电源应严格接地，电源功率不得超过机器允许的额定功率。

2）焊接过程中，切忌打开工作室，以免发生触电等意外。

3）夏季水箱控制温度上限设置，低于室温 2℃ 为宜，避免激光棒端面结露。

4）操作人员须配戴激光防护眼镜，禁止眼睛对激光输出口观看，避免激光束射入眼睛。

5）封闭循环水冷却系统应当用去离子水或蒸馏水，每月更换 1 次。

6）保持放大目视镜的清洁。

7）每次工作后应清洁工作室。

（4）学生按照教师的示教要求自己动手操作。

4．技工振荡器的操作与维护

（1）认识多功能技工台的结构：箱体，控制面板（电源开关、振荡频率调节旋钮等），振荡台。

（2）技工振荡器的操作

1）振荡器应安放在稳固的台面上。

2）根据使用目的和材料设定振荡频率。

3）打开电源开关，进行操作（调拌石膏材料灌注印模）。

4）操作完成后关闭电源，清洁振荡器并复位。

（3）技工振荡器的维护

1）确定电源电压与机器的标定值一致，注意电源插座正确接地。

2）当发现电源线或电源插头故障时，应立即停止使用。

3）继电器是易损部件，因此调节振荡频率旋钮时忌用暴力。

4）使用时，注意勿使水等液体进入箱体，以免损坏电路。

5）注意保持振荡器的清洁。

5．口腔科吸塑成形机的操作与维护

（1）认识齿科吸塑成形机的结构：加热器、薄膜夹持器、模型放置台、真空抽吸装置、控制面板和其他配件。

（2）口腔科吸塑成形机的操作

1）根据机器要求，开启电源，并调节压缩空气压力的大小。

2）打开电源开关。

3）将模型固定在真空吸盘上。

4）将吸塑材料薄膜安装在成形片上夹紧。

5）启动红外线或电阻丝加热器，加热薄膜（注意工作时加热器温度很高，勿靠近或触摸，避免烫伤）。

6）将加热后充分软化的薄膜覆盖在模型上，随即在模型及薄膜下方抽吸真空或同时压缩空气在薄膜上表面加压。

7）当材料冷却后，释放压缩空气或真空，取出成形的薄膜和模型，将薄膜和模型分离。

8）修剪修复体，打磨抛光。

（3）口腔科吸塑成形机的维护

1）采用稳压电源，电源必须严格接地。

2）设备的放置必须稳固。

3）定期检修、清理机器。

4）注意工作时加热器温度很高，切勿靠近或触摸，避免烫伤。

（4）学生按照教师的示教要求自己动手操作。

【注意事项】

1. 各种设备的常规操作和维护应由专业教师示教，并在教师的指导下，学生进行系统的操作练习。特别是一些精密贵重的设备，教师应当给予密切关注。

2. 操作练习中，应注意操作者的安全防护，以免发生意外。如使用激光焊接机时应当戴用激光防护眼镜；使用口腔科吸塑成形机时应当注意避免烫伤等。

3. 定期进行设备检修，保持设备清洁。

4. 各种设备的使用均忌用暴力。

（葛亚丽）

实训四　口腔综合治疗机和手机的操作与维护

【目的和要求】

1. 掌握口腔综合治疗机的应用与维护。

2. 熟悉口腔常用各类手机的类别。

3. 了解各类口腔科手机的应用与维护。

【实训内容】

1. 口腔综合治疗机的应用与维护。

2. 口腔科手机的分类。

3. 各类口腔科手机的应用和维护。

【实训学时】　2学时

【实训设备及用品】

各类口腔综合治疗机、口腔科手机、手机清洗润滑剂、润滑油、洗涤剂、水、液压油等。

【方法、步骤及维修示教】

1. 掌握口腔综合治疗机操作常规

（1）开诊前，应将空气过滤器上的排气阀开启，释放气体若干分钟，直至排出的气体不含油、水为止。并且对高速涡轮机头加清洗润滑剂一次，低速气动马达手机加润滑油1～2滴。

（2）应首先启动连接线箱上的电源开关后，再启动器械台上的水气开关。供电电源的工作电压应符合要求，一般为220V±22V。水压力应保证符合口腔综合治疗机的技术指标0.2MPa。

（3）正确使用口腔综合治疗机的升、降、俯、仰按钮及自动复位按钮。

（4）在未关闭器械台上的气锁开关时，切勿强行移动器械台。

（5）使用涡轮手机前后，应将其对准痰盂喷雾1～2秒钟，以便将手机尾管中回吸的污物排出，防止发生交叉感染。高、低速机头及三用喷枪、洁牙机头用完后，应及时准确地放回挂架。

（6）吸唾器和强吸器在每次使用完毕，必须吸入一定量的清水（至少300ml），以清洁管路，防止其堵塞和损坏。

（7）水杯注水的速度应调至适当，以防止向外溢出污染治疗环境。

（8）定期清洗痰盂管道的污物收集器。

（9）工作结束应将治疗椅复位到最低位置，关闭电源开关，并用强力吸唾器放掉空压机系统内的剩余空气。

（10）手机的操作和维护，应严格遵照相关技术资料推荐的方法进行。

（11）每日停诊后，应对设备表面进行擦拭，以保持整机清洁。

2．指导学生了解对口腔综合治疗机的常见故障及处理（见表5-1）。

3．熟悉口腔科常用各类手机的类别。

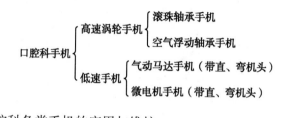

4．掌握常用口腔科各类手机的应用与维护。

5．要求教师讲解设备的原理及使用方法。

6．学生按照教师的示教要求自己动手操作。

【注意事项】

1．口腔综合治疗机的操作和维护须在教师的指导下进行。

2．手机清洗润滑剂、润滑油、液压油等应用要适量，不宜过多。

3．不能使用具有腐蚀性的清洁剂和粗糙织物擦洗设备。

4．各类口腔科手机均应轻拿轻放，小心摔坏。

（杨海青）

参 考 文 献

1．张志君．口腔设备学．第3版．成都：四川大学出版社，2008

2．赵铱民．口腔修复学．第7版．北京：人民卫生出版社，2012

3．周学东．口腔医学史．北京：人民卫生出版社，2013

4．李新春．口腔工艺设备．北京：人民卫生出版社，2008

5．李新春．口腔设备学．北京：人民卫生出版社，2014

教 学 大 纲

（供口腔工艺技术专业使用）

一、课程任务

《口腔工艺设备使用与养护》是中等卫生职业教育口腔修复工艺专业的一门专业核心课程。本课程的主要内容包括口腔技工切割、打磨、抛光、铸造、烤瓷、焊接、隐形义齿和口腔科吸塑成形机等设备的结构性能、操作与维护保养和常见故障及处理方法。本课程的任务是使学生具备初、中级口腔工艺专业所必需的口腔工艺设备知识，能够了解常用设备的结构、性能，掌握常用设备的使用方法、保养和常见故障及排除方法。

二、教学目标

1. 了解口腔设备的发展与现状。
2. 熟悉常用设备的结构和原理。
3. 掌握常见设备的使用和保养。
4. 能熟悉掌握口腔技工设备的正确使用。
5. 学会常用设备的保养。
6. 具有认真的学习态度、严谨的工作作风。
7. 具有良好的人际沟通能力、团队合作精神和服务意识。
8. 具有良好的职业道德和敬业精神。

三、教学时间分配

教学内容	学时		
	理论	实践	合计
一、概论	1		1
二、切割、打磨及抛光设备	2	2	4
三、铸造烤瓷设备	2	2	4
四、其他口腔工艺设备	2	2	4
五、口腔医疗设备	2	2	4
六、口腔设备管理	1		1
合计	10	8	18

四、教学内容与要求

单元	教学内容	教学要求	教学活动参考	参考学时	
				理论	实践
一、概论	（一）口腔设备学概况 1. 口腔设备的含义、分类和内容 2. 口腔设备学的形成与发展 3. 口腔设备的标准及监督管理 4. 口腔工艺设备的研究内容及学习方法 （二）口腔设备简介 1. 口腔工艺设备 2. 口腔医疗设备	了解 熟悉	理论讲解 多媒体演示	1	
二、切割、打磨及抛光设备	（一）技工用打磨机 1. 微型电动打磨机 2. 技工打磨机 （二）技工用抛磨机 （三）金属切割抛磨机 （四）模型修整机 （五）电解抛光机	掌握 掌握 掌握 掌握 掌握	理论讲解 多媒体演示 示教 见习	2	
	实训一： （1）技工用打磨机 （2）技工用抛磨机 （3）模型修整机 （4）金属打磨切割机	 熟练掌握 熟练掌握 熟练掌握 熟练掌握			2
三、铸造烤瓷设备	（一）琼脂溶化器 （二）真空搅拌机 （三）箱型电阻炉 （四）中熔、高熔铸造机 1. 普通离心铸造机 2. 高频离心铸造机 3. 真空加压铸造机 4. 钛金属铸造机 （五）喷砂机 （六）超声波清洗机 （七）烤瓷炉	掌握 掌握 掌握 掌握 掌握 掌握 掌握	理论讲解 多媒体演示 示教 见习	2	
	实训二： （1）烤瓷炉的正确应用与维护 （2）铸造机的正确应用与维护 （3）喷砂机的正确应用与维护 （4）箱型电阻炉的正确应用与维护 （5）超声波清洗机的正确使用与维护	 熟练掌握 熟练掌握 熟练掌握 熟练掌握 熟练掌握			2

续表

单元	教学内容	教学要求	教学活动参考	参考学时	
				理论	实践
四、其他口腔工艺设备	（一）口腔多功能技工台 1. 设备介绍 2. 结构与工作原理 3. 操作常规与维护保养 4. 常见故障及处理	熟悉	理论讲解 多媒体演示 示教 见习	2	
	（二）焊接设备 1. 口腔科点焊机 2. 激光焊接机	了解			
	（三）技工振荡器 1. 设备介绍 2. 结构与工作原理 3. 操作常规与维护保养 4. 常见故障及处理	了解			
	（四）口腔科种钉机 1. 设备介绍 2. 结构与工作原理 3. 操作常规与维护保养 4. 常见故障及处理	熟悉			
	（五）隐形义齿设备 1. 设备介绍 2. 结构与工作原理 3. 操作常规与维护保养 4. 常见故障及处理	掌握			
	（六）口腔科吸塑成形机 1. 设备介绍 2. 结构与工作原理 3. 操作常规与维护保养 4. 常见故障及处理	熟悉			
	（七）CAD/CAM 系统 1. 设备介绍 2. 结构与工作原理 3. 操作常规与维护保养 4. 常见故障及处理	了解			
	（八）平行观测研磨仪 1. 设备介绍 2. 结构与工作原理 3. 操作常规与维护保养 4. 常见故障及处理	掌握			
	（九）口腔科 3D 打印技术 1. 设备介绍 2. 结构与工作原理 3. 操作常规与维护保养 4. 常见故障及处理	了解			

单元	教学内容	教学要求	教学活动参考	参考学时 理论	参考学时 实践
四、其他口腔工艺设备	实训三：				2
	1. 多功能技工台的操作及维护	熟练掌握			
	2. 口腔科点焊机的操作及维护	熟练掌握			
	3. 激光焊接机的操作及维护	学会			
	4. 技工振荡器的操作及维护	熟练掌握			
	5. 口腔科吸塑成形机的操作及维护	熟练掌握			
五、口腔医疗设备	（一）口腔综合治疗机	掌握	理论讲解	2	
	（二）口腔科手机	掌握	多媒体演示		
	1. 高速手机		示教		
	2. 低速手机		见习		
	（三）光固化机	熟悉			
	（四）超声波洁牙机	熟悉			
	（五）口腔消毒灭菌设备	熟悉			
	（六）根管长度测量仪	了解			
	（七）口腔种植机	了解			
	（八）口腔医学影像设备	了解			
	1. 口腔科X线机				
	2. 全口牙位曲面体层X线机				
	3. 口腔X射线计算机体层摄影设备				
	（九）口腔激光治疗机	了解			
	实训四：				2
	1. 口腔综合治疗机的应用与维护	学会			
	2. 口腔科手机的应用与维护	熟练掌握			
六、口腔设备管理	（一）口腔设备管理概述	熟悉	理论讲解	1	
	1. 口腔设备管理的意义		多媒体演示		
	2. 口腔设备管理的任务和内容				
	3. 口腔设备管理的机构和系统				
	（二）口腔设备的配备管理	了解			
	1. 口腔设备配备的原则				
	2. 口腔设备的配备评价				
	（三）口腔设备的应用管理	掌握			
	1. 口腔设备应用管理的目的和内容				
	2. 口腔设备应用管理的原则				
	3. 口腔设备应用管理的常用方法				
	（四）口腔设备的维护管理	了解			
	1. 口腔设备维护的意义				
	2. 口腔设备维护的内容				
	3. 口腔设备维护的评估				

五、大纲说明

（一）适用对象与参考学时

本教学大纲主要供中等卫生职业教育口腔修复工艺专业教学使用。总学时18学时，其中理论教学10学时，实践教学8学时。

（二）教学要求

1．本课程对理论部分教学要求分为掌握、熟悉、了解三个层次。掌握：指对基本知识、基本理论有较深刻的认识，并能综合、灵活地运用所学的知识解决实际问题。熟悉：指能够领会概念、原理的基本涵义，会应用所学的技能。了解：指对基本知识、基本理论能有一定的认识，能够记忆所学的知识要点。

2．本课程突出以能力为本位的教学理念，在实践技能方面分为熟练掌握、学会两个层次。熟练掌握：能独立、正确、规范地完成常用基本技能的操作。学会：即在教师的指导下独立进行较为简单的技能操作。

（三）教学建议

1．教师在教学中应理论联系实际，由浅入深，循序渐进，激发学生的学习兴趣，调动学生积极主动的学习热情，鼓励学生创新思维，引导学生综合运用所学知识独立解决实际问题。

2．教师可采用灵活多样的教学方法，阐明要点，分解难点，示教说明，联系临床实际，通过融会贯通使学生形成系统化的能力体系。

3．本课程重点强调对学生能力水平的测试。评价方法可采用理论测试和实践操作考核相结合，必考与抽查相结合，培养学生具备良好的职业道德和基本的职业能力。

六、教材编写中应注意的问题

作为中等职业教育教材，结合学生学习能力和学习特点，编写时要注意内容清晰明了，语言简练易懂，多用流程图或操作图片配以简练的文字，说明操作过程，代替大量的文字叙述。同时将操作中易出现的问题及处理方法展示给学生，以引起学生的重视。

本教材应与中职学生参加的国家修复工技能等级考试的内容同步，按照职业岗位和职业能力要求，将本教材按照以基本理论为基础，以技术模块为特点的教材编写模式进行本教材。

七、教材编写特色

1．编写内容上争取做到科学性和先进性统一，既保留常用口腔设备的基本特征，又反映现代口腔设备的进展。教材内容针对性强、通俗易懂。让教师上课讲解轻松、易于解释，使学生听得懂，看得懂，注重口腔设备的实践操作，课程内容与学生就业、职业相联系。

2．每章正文前将增加"学习目标"，正文中根据教学内容需要，将插入"小知识"内容，章末增加"小结"、"练习题"等内容。

3．增加了校外见习，将学校不具备实训条件、无法开展实践教学的项目，通过校企合作，将课堂实践教学转移至生产岗位实践教学。

附录：实训教程

实训一　切割、打磨及抛光设备的操作与维护

实训二　铸造烤瓷设备的操作与维护

实训三　其他口腔工艺设备的操作与维护

实训四　口腔综合治疗机和手机的操作与维护